天赐宝石色，工匠巧琢成。
墨珠多佳味，玉香醉宾朋。

天工墨玉葡萄

彩图版

吴 江 等 编著

中国农业出版社

北 京

图书在版编目（CIP）数据

天工墨玉葡萄：彩图版 / 吴江等编著 . —北京：
中国农业出版社，2022.6
ISBN 978-7-109-29541-4

Ⅰ.①天… Ⅱ.①吴… Ⅲ.①葡萄栽培 Ⅳ.
①S663.1

中国版本图书馆 CIP 数据核字（2022）第 098653 号

天工墨玉葡萄 彩图版
TIANGONG MOYU PUTAO CAITUBAN

中国农业出版社出版
地址：北京市朝阳区麦子店街 18 号楼
邮编：100125
责任编辑：廖 宁
责任校对：吴丽婷
印刷：中农印务有限公司
版次：2022 年 6 月第 1 版
印次：2022 年 6 月北京第 1 次印刷
发行：新华书店北京发行所
开本：700mm×1000mm 1/16
印张：10
字数：230 千字
定价：98.00 元

编著者

吴　江　魏灵珠　程建徽　向　江　郑　婷
范旭东　刘鑫铭　曹慕明　黄建全　孙凌俊
胡禧熙　叶海波　项　帅

序

　　近年来，我国葡萄产业迅速发展，具有本土特色的葡萄品种层出不穷。加之栽培技术的创新，助推了葡萄产业的快速发展，葡萄种植区域达到了史无前例的全国覆盖，不仅大幅度延长了葡萄鲜果供应期，也使我国葡萄年均总产量稳居世界第一，葡萄产业的国际地位显著提升。适值葡萄采收、销售季节告一段落，受国家葡萄产业技术体系杭州综合试验站站长吴江研究员之邀，为其新作《天工墨玉葡萄　彩图版》作序，备感荣幸。

　　提升国内外市场竞争力已成为我国葡萄产业发展面临的新目标，自主知识产权葡萄新品种的选育及推广应用是实现目标的关键。21世纪以来，我国葡萄遗传育种成效显著，品种结构不断优化，但受多种因素影响，许多葡萄产区主栽品种仍以国外引进品种为主，如来自日本的巨峰、夏黑、阳光玫瑰，来自美国的红地球、克瑞森无核等。国内果农疏于利用具有我国自主知识产权的优良新品种，因此，亟须加大自育新品种与配套栽培技术的研发与推广力度，为我国葡萄品种的升级换代提供科技支撑。

　　以引领葡萄产业绿色高效发展为主线，选育新品种、研发示范配套栽培新技术是我国葡萄产业提升的关键。吴江研究员团队通过10余年的潜心努力，选育出以天工墨玉为代表的天工系列葡萄品种，已在浙江、江苏、上海、江西、甘肃、河北、陕西、辽宁、河南、山西、福建、黑龙江、天津、安徽、云南、山东、广西、宁夏18个

1

省份种植。本书详细阐述了天工墨玉葡萄的品种特性、苗木繁殖、葡萄园建立、树体管理、土肥水控制、病虫鸟害防治、采收与采后加工等规范技术，并列举了国家葡萄产业技术体系其他综合试验站引种成功的范例。该书图文并茂、内容丰富、文字流畅，实用性和针对性强，值得广大科技人员和葡萄种植者参考学习。相信该书的出版必将有助于我国自主选育葡萄新品种的示范推广，并对助推我国葡萄产业升级换代、优化产品结构、调控鲜果供应期、提升市场竞争力和美誉度、增加经济效益，进而实现共同富裕和乡村振兴发挥重要作用。

　　希望以吴江研究员为代表的葡萄育种工作者们能够再接再厉、精益求精，创新优质品种育种及栽培配套技术，为我国葡萄产业的绿色健康发展作出更大贡献。

段长青教授考察天工墨玉栽培园

中国农业大学教授
国家葡萄产业技术体系首席科学家

2021 年 11 月

前　言

　　葡萄是我国果树生产上的重要树种，在果树中具有重要地位。浙江是我国南方优质葡萄主要产区之一，2020年，浙江省葡萄栽培面积32 333公顷，占水果面积27.2%；产量76万吨，占水果总产量的43.7%；产值33亿元，占水果总产值的18.6%。浙江省葡萄栽培面积与产量居南方各省前列。目前，全国主要栽培品种有夏黑、京亚、藤稔、醉金香、巨峰、红地球、美人指、红富士等，但是约2/3的栽培种为国外育成引进品种，在品种结构上以中晚熟的偏多，早熟优质、香型、无核、特色品种缺少，结构有待进一步优化。在美国、日本等国相继出台品种保护法律法规的形势下，我国亟须加强葡萄育种工作，利用现代科学技术开展鲜食优质、无核、抗病、香型葡萄育种，培养育种人才，提升育种水平，培育拥有自主知识产权，适合不同生态条件下栽培的葡萄新品种，优化品种结构，促进我国葡萄产业的健康可持续发展。

　　基于此，浙江省农业科学院园艺研究所葡萄育种与栽培学科一直以培育适合我国自然气候条件的优质品种为目标，自2002年以来致力于葡萄育种研究，选育出天工系列葡萄品种，目前已通过审（认）定、国家登记、获得新品种保护的有天工墨玉、天工翡翠、天工翠玉、天工玉液、天工紫玉等9个，正申请新品种保护的有天工翠香蜜、天工初心2个。其中，天工墨玉作为特早熟葡萄品种，已在浙江、福建、天津、辽宁、江苏、上海、江西、甘肃、河北、山

西、河南、安徽、云南、山东、黑龙江、陕西、广西、宁夏18个省份建立试验示范基地，备受生产者和消费者的欢迎。

为加速推广新品种，向引进天工墨玉品种的单位及葡农提供操作性强的配套栽培与加工技术指南，浙江省农业科学院葡萄育种与栽培学科、国家葡萄产业技术体系杭州综合试验站联合相关岗位科学家和试验站，共同编著了本书。本书的出版将有利于我国自主知识产权的天工墨玉葡萄新品种的推广，对我国葡萄品种结构优化、农民脱贫致富、实现共同富裕都具有重要意义。

本书以现代生物科学理论为基础，根据葡萄生物学习性以及作者多年在葡萄生产、试验中积累的经验和最新研究成果，通过图片直观讲解天工墨玉葡萄的栽培管理和加工过程中的实用技术。不仅能给葡萄一线生产人员提供新的栽培技术指南，也适合从事相关科研工作的教师和学生阅读，是一本实用性很强的葡萄栽培与加工类用书。本书共分8章，对天工墨玉葡萄的品种特性、苗木繁殖、葡萄园的建立、树体管理、土肥水管理、病虫鸟害防治、采收与采后加工进行图文并茂的讲解，并结合天津、福建、辽宁、广西、黑龙江等多地的引种表现进行了阐述，以期为全国各地天工墨玉葡萄的引种单位及葡农提供参考。

非常感谢天工墨玉葡萄栽培推广中做好示范样板的雷龑、鲁会玲、徐小菊、陈哲、周卫中、沈其荣、王颖、唐建勤、蒋海平、张炜雄、丁美娇、潘少辉等专家与葡农。在撰写过程中，虽力求精益求精，但因水平有限，难免有疏漏和不足之处，敬请读者不吝赐教。文中有些实例是来自不同栽培地区的经验，所以也有一定的区域性，不妥之处，也请读者提出宝贵意见。

编著者

2021年11月

目　录

序

前言

第一章　天工墨玉葡萄品种特性 ………………………………………… 1

一、选育过程 ……………………………………………………………… 1

二、生物学特性 …………………………………………………………… 2

三、环境要求及适应性 …………………………………………………… 5

四、三倍体无核育种技术 ………………………………………………… 5

　1. 常规杂交育种 …………………………………………………… 6

　2. 胚挽救育种 ……………………………………………………… 6

　3. 芽变选种 ………………………………………………………… 11

　4. 实生选种 ………………………………………………………… 14

　5. 胚乳培养 ………………………………………………………… 14

　6. 花药培养 ………………………………………………………… 14

　五、发展前景 …………………………………………………………… 14

第二章　天工墨玉葡萄苗木繁殖 ………………………………………… 16

一、育苗地选择与准备 …………………………………………………… 16

　1. 育苗地选择 ……………………………………………………… 16

　2. 育苗地土壤改良 ………………………………………………… 16

　3. 育苗地准备 ……………………………………………………… 16

二、自根苗培育 …………………………………………………………… 17

　1. 休眠枝条采集 …………………………………………………… 17

　2. 休眠枝条整理 …………………………………………………… 17

　3. 休眠枝条储藏 …………………………………………………… 18

4. 扦插 ································· 18

三、嫁接苗培育 ····························· 19

　　1. 绿枝嫁接 ··························· 19

　　2. 硬枝嫁接 ··························· 20

　　3. 砧穗组合选择 ······················· 22

四、脱毒苗繁育 ····························· 26

　　1. 培育脱毒苗的意义 ····················· 26

　　2. 葡萄苗主要脱毒技术 ···················· 28

　　3. 热处理结合茎尖培养脱毒 ·················· 29

　　4. 病毒检测 ·························· 31

　　5. 葡萄无病毒苗木繁育 ···················· 33

五、苗木假植、储存与栽前修理 ··················· 35

　　1. 园地假植 ·························· 35

　　2. 室内沙藏 ·························· 35

六、高接换种 ······························ 36

　　1. 高接前准备 ························· 36

　　2. 高接时间与方法 ······················ 37

　　3. 高接后管理 ························· 37

　　4. 应用效果 ·························· 38

第三章　天工墨玉葡萄园的建立 ··················· 39

一、园地选择 ······························ 39

二、园地规划 ······························ 40

　　1. 区块设置 ·························· 40

　　2. 道路设置 ·························· 40

　　3. 栽植前的大田准备 ····················· 40

三、设施与架式 ····························· 41

　　1. 栽培设施 ·························· 41

　　2. 栽培架式 ·························· 42

第四章　天工墨玉葡萄的树体管理 ·················· 47

一、幼树管理 ······························ 47

　　1. 苗木栽植 ·························· 47

　　2. 病虫害防治 ························· 48

二、设施管理 ·· 48

  1. 盖膜、揭膜 ·· 48

  2. 温湿度调节 ·· 49

三、枝蔓管理 ·· 50

  1. 解除休眠 ·· 50

  2. 抹芽、定梢 ·· 50

  3. 摘心 ·· 50

  4. 副梢处理 ·· 50

四、花序管理 ·· 50

  1. 拉花 ·· 50

  2. 整花序 ·· 52

  3. 疏花蕾 ·· 53

  4. 保果和无核化处理 ·································· 53

五、果穗管理 ·· 55

  1. 留果穗量 ·· 55

  2. 定穗轴长 ·· 55

  3. 疏果 ·· 55

  4. 膨大处理 ·· 55

  5. 套袋 ·· 56

  6. 促进着色 ·· 56

第五章 天工墨玉葡萄的土肥水管理 ························ 58

一、土壤管理 ·· 58

二、肥料管理 ·· 59

  1. 施肥时期 ·· 59

  2. 施肥技术 ·· 60

三、水分管理 ·· 61

  1. 萌芽前 ·· 61

  2. 花前 1 周 ··· 61

  3. 开花期 ·· 62

  4. 花后 1 周 ··· 62

  5. 浆果生长—成熟期 ·································· 62

  6. 采收后—落叶前 ···································· 62

第六章 天工墨玉葡萄的病虫鸟害防治 ·················· 63

一、病虫鸟害发生原因及防治关键 ·················· 63

1. 发生原因 ································· 63

2. 防治关键点 ······························ 63

二、主要病害 ·································· 64

1. 灰霉病 ································· 64

2. 穗轴褐枯病 ······························ 65

3. 炭疽病 ································· 66

4. 霜霉病 ································· 67

5. 白粉病 ································· 68

6. 褐斑病 ································· 69

7. 溃疡病 ································· 70

8. 酸腐病 ································· 70

三、天工墨玉葡萄主要虫害 ·················· 71

1. 绿盲蝽 ································· 71

2. 透翅蛾 ································· 72

3. 短须螨 ································· 73

4. 斑叶蝉 ································· 73

5. 介壳虫 ································· 74

6. 金龟子 ································· 75

7. 沟顶叶甲 ······························ 76

8. 斑衣蜡蝉 ······························ 77

9. 斜纹夜蛾 ······························ 78

10. 吸果夜蛾 ······························ 78

11. 蜗牛 ································· 79

12. 蚂蚁 ································· 80

四、鸟害 ································· 81

第七章 天工墨玉葡萄采收与采后加工 ·················· 82

一、采收 ································· 82

二、采后加工 ······························ 82

1. 葡萄酒 ································· 83

2. 白兰地 ································· 85

3. 葡萄干 ······ 86

4. 葡萄罐头 ······ 87

5. 葡萄果汁 ······ 88

6. 葡萄果脯 ······ 88

7. 葡萄果冻 ······ 89

三、批发与电商销售包装 ······ 90

1. 批发销售包装 ······ 91

2. 电商销售包装 ······ 91

第八章 天工墨玉葡萄在全国各地的栽培应用 ······ **92**

第一节 天工墨玉葡萄在福建宁德的栽培应用 ······ 92

一、基地概况 ······ 92

二、引进情况 ······ 92

三、种植模式 ······ 92

1. 园址选择 ······ 92

2. 园地规划与设计 ······ 93

3. 设施搭建 ······ 93

4. 架形选择与搭建 ······ 93

5. 栽植 ······ 94

四、种植表现 ······ 94

五、生产管理 ······ 95

第二节 天工墨玉葡萄在广西南宁的栽培应用 ······ 101

一、基地概况 ······ 101

二、引进情况 ······ 101

三、种植模式 ······ 101

四、种植表现 ······ 103

五、生产管理 ······ 105

第三节 天工墨玉葡萄在天津的栽培应用 ······ 114

一、基地概况 ······ 114

二、引进情况 ······ 114

三、种植模式 ······ 115

四、种植表现 ······ 116

五、生产管理 ······ 117

第四节 天工墨玉葡萄在辽宁营口的栽培应用 ······ **123**

一、基地概况 ……………………………………………………… 123

二、引进情况 ……………………………………………………… 124

三、种植模式 ……………………………………………………… 124

四、种植表现 ……………………………………………………… 126

五、生产管理 ……………………………………………………… 128

第五节　天工墨玉葡萄在黑龙江大庆的栽培应用 …………… 131

一、基地概况 ……………………………………………………… 131

二、引进情况 ……………………………………………………… 132

三、种植模式 ……………………………………………………… 132

四、种植表现 ……………………………………………………… 134

五、生产管理 ……………………………………………………… 135

第六节　天工墨玉葡萄在浙江温岭的栽培应用 ……………… 138

一、基地概况 ……………………………………………………… 138

二、引进情况 ……………………………………………………… 139

三、种植模式 ……………………………………………………… 139

四、种植表现 ……………………………………………………… 141

五、生产管理 ……………………………………………………… 142

主要参考文献 ……………………………………………………… **145**

附录　天工墨玉葡萄病虫害防治年历 ………………………… **146**

第一章 天工墨玉葡萄品种特性

一、选育过程

夏黑（*Vitis vinifera* × *Vitis labrusca*，'Summer Black'）是日本山梨县果树试验场以巨峰（*Vitis vinifera* × *Vitis labrusca*，'Kyoho'）为母本、无核白（*Vitis vinifera*，'Thompson Seedless'）为父本杂交选育而成的葡萄新品种，该品种浓甜爽口，有草莓香味，树势强健，抗病力较强，在早熟品种中综合性能较优异。张家港市神园葡萄科技有限公司于 2000 年 2 月从日本山梨县植原葡萄研究所引进该品种脱毒苗。浙江省农业科学院园艺研究所于 2002 年将夏黑品种自张家港市神园葡萄科技有限公司引入浙江，进行该品种的引选工作，连续观察植物生物学及经济性状，制订栽培操作规程，并通过了浙江省非主要农作物的审定，编号：浙（非）审果 2011002（图 1-1）。

图 1-1 相邻种植的夏黑（左）和天工墨玉（右）

金华市寨春农业开发有限公司 2007 年引进夏黑葡萄扦插苗 500 余株，2008 年开始结果，浙江省农业科学院园艺研究所在选择国家葡萄产业技术体系示范基地时，在该葡萄园的结果树中发现穗形美、果粒着色早的优良株群，成熟时间比夏黑早 7～10 天，与其他夏黑树相比，较各单株间表现基本一致，成熟度高，果实着色蓝黑，且果梗较细，总数 9 株，分析其为自然变异，该变异株枝蔓经冬季修剪扦插繁育获得。从优良株群中选择果穗大小、穗重、果粒、穗间、穗内粒间成熟度一致的一株确定为优系（代号：08-8-1）。2008 年冬，采集该变异株优系的枝条，2009 年春进行扦插育苗，在浙江省农业科学院杨渡科研创新基地内建立品种鉴定圃，2010 年种植，2011—2013 年进行植物生物学、结果习性、果实经济

性状、抗病性表现记录（为变异株第一代结果树），发现各株间性状表现一致，果实成熟期相比夏黑葡萄提早 7～10 天，外观美（易上色，白纸袋内果皮蓝黑色，不需要拆袋上色）、品质优。同时开展遗传背景的分子鉴定，结果表明，其与夏黑遗传背景高度相似，为该品种变异，并找到了两者在基因组 DNA 水平上的差异，复选确定其为夏黑优良变异，暂定品系名夏黑早熟芽变。2014—2017 年，开展该品系和夏黑、寒香蜜等品种区域性比较试验和配套技术研究（为变异株第二代结果树），经多年和多地的观察记录，该品系表现稳定，其综合性状优良，定名为天工墨玉。2017 年，被浙江省林木品种审定委员会认定为良种（审定编号：浙 R-SV-VVL-006-2017）。2018 年，鉴定专家一致认为该品种达到国际先进水平。2021 年，通过农业农村部非主要农作物品种登记［登记编号：GPD 葡萄（2021）330009］（图 1-2）。

图 1-2　天工墨玉品种登记证书和认定证书

二、生物学特性

欧美种。嫩梢浅红褐色（5 叶期）。梢尖半开张，有绒毛，无光泽。幼叶浅红褐色，带浅红褐色晕。上表面有光泽，下表面密生丝毛。成龄叶片近圆形，较大，纵径约为 20.02 厘米，横径约为 25.90 厘米，成龄叶片上泡状突起弱，叶表面颜色墨绿色，背面有一层稀疏的丝状绒毛，叶片正面主脉花色苷显色强度较弱。叶片为 3 或 5 裂，上、下裂刻深，上裂刻裂片重叠，下裂刻裂片开张，裂刻基部窄拱形。成龄叶片上锯齿性状为两侧直与两侧凹皆有，锯齿长约为 1.43 厘米，宽约为 1.66 厘米。叶柄洼多为 U 形。新梢姿态较直立，节背侧红色带条纹，节间腹侧为绿色。成熟枝条为红褐色。两性花，三倍体（图 1-3）。

| 新梢正面 | 新梢反面 | 叶片正面 | 叶片反面 |

| 花序 | 转色期果穗 | 成熟期果穗 |

图 1-3　天工墨玉葡萄的生物学性状

天工墨玉葡萄生长势极强，隐芽萌发力中等，芽眼萌发率 85%～90%，成枝率 95%，枝条成熟度中等。每果枝平均着生果穗 1.45～1.75 个。隐芽萌芽的新梢结实力强。在浙江海宁设施栽培条件下 3 月中旬萌芽，4 月下旬开花，6 月下旬开始采收上市。从萌芽至浆果成熟 105 天左右。双天膜促早栽培条件下，5 月上中旬上市。极早熟品种比亲本夏黑早熟 7～10 天。2019—2020 年，天工墨玉葡萄在浙江温岭、浙江海盐、天津武清、福建宁德、辽宁鲅鱼圈平均萌芽率 89.3%，结果枝比例 91.7%，平均株产 11.2 千克，平均亩*产量 1 419.9 千克，可见天工墨玉是一个稳产的葡萄品种（表 1-1）。

---

*　亩为非法定计量单位，1 亩≈667 米²。

表 1-1　天工墨玉 2019—2020 年品种比较试验的产量表现

地点	年份	萌芽率（%）	结果枝比例（%）	株产（千克）	亩产（千克）
浙江温岭	2019	82.6	96.2	7.25	1 250.0
	2020	99.0	98.6	9.75	1 682.0
浙江海盐	2019	90.7	92.7	5.21	1 250.0
	2020	92.5	95.7	5.89	1 500.0
天津武清	2019	95.5	100.0	30.7	1 308.6
	2020	97.0	100.0	34.8	1 948.8
福建古田	2019	86.2	85.7	4.45	898.9
	2020	86.0	85.2	4.76	1 286.7
辽宁鲅鱼圈	2019	80.5	80.9	4.47	1 489.0
	2020	83.2	85.3	4.76	1 585.0
平均		89.3	92.0	11.2	1 419.9

果穗圆锥形或圆柱形，平均穗重 597.3 克。果粒近圆形，自然粒重 3～3.5 克，经赤霉素处理后果粒重 6～8 克，疏果后可达 10 克。果皮蓝黑色，无涩味，易化渣，果肉爽脆，草莓香气较夏黑浓，风味好，可溶性固形物含量 18%～23.1%，可滴定酸 0.39%；维生素 C 含量 106 毫克/千克，多酚 4.46 毫克/克，花色苷 1.27 毫克/千克，这 3 种成分超过夏黑、早夏无核、南太湖特早。鲜食品质佳，无裂果，无核，抗病、抗逆性较强。每亩产量在 1 250～1 500 千克。2019—2020 年，在浙江海盐、温岭，辽宁鲅鱼圈，福建古田，天津武清等地的比较试验证实，天工墨玉葡萄在各地的品质性状基本一致（图 1-4、表 1-2）。

| 浙江温岭 | 浙江海盐 | 天津武清 | 辽宁鲅鱼圈 | 福建古田 |

图 1-4　天工墨玉葡萄在各地的种植品质表现

表 1 - 2　天工墨玉葡萄 2019—2020 年品种比较试验品质表现

地点	亩产量（千克）	穗重（克）	粒重（克）	皮色	可溶性固形物（%）	香气	裂果	疏果量
浙江海盐	1 250.9	750.1	8.5	紫黑色	19.6	草莓香	无	小
浙江温岭	1 466.5	656.9	7.33	蓝黑色	18.2	草莓香	无	小
辽宁鲅鱼圈	1 537	425.4	6.38	蓝黑色	19.7	草莓香	无	小
福建古田	1 030.2	460.2	10.15	紫黑色	18.2	草莓香	无	小
天津武清	1 834.0	484	6.48	蓝黑色	19.7	草莓香	无	小
平均	1 423.7	555.3	7.77		19.1			

三、环境要求及适应性

葡萄是中国分布最广泛的果树种类之一，也是最古老的栽培果树，其种质资源异常丰富，分部区域跨度大，从寒带到热带均有特异资源。气候条件是影响葡萄品种分布的主要因素。从世界范围来看，葡萄主要分布在南、北半球大陆西海岸的中纬度地区，这些地区属地中海性气候，夏季炎热干燥，冬季温和湿润。中国气候类型多样，雨热同季，夏季高温多雨，冬季寒冷干燥，加上地形多种多样，地势差异显著，使我国的小气候分布更为复杂。

天工墨玉葡萄对各种环境条件具有很强的适应性。对土壤要求不严格，可以在钙质土壤、微酸土壤及低盐等各种性质土壤种植，也可以在黏土、壤土、沙土等各种类型土壤栽培。已推广至浙江、福建、天津、辽宁、江苏、上海、江西、甘肃、河北、山西、河南、安徽、云南、山东、黑龙江、陕西、广西、宁夏 18 个省份种植，已挂果的均表现优良。

四、三倍体无核育种技术

为了满足我国人民对葡萄及其副产品日益增长的需求，我国自 20 世纪 50 年代就开展了有目的的葡萄育种工作，经过我国育种人员的共同努力，葡萄新品种选育工作至今已取得了较大的进展。以早熟、多抗、耐储运、无核或具有玫瑰香味为主要的育种目标，品种选育审（认）定速度加快，育种队伍壮大、育种规模明显扩大，新品种数量增长快速，分子设计高效育种逐渐得到重视。据不完全统计，截至 2019 年，全国共选育 349 个葡萄品种，杂交育种仍为我国主要的葡萄育种途径，选育出的品种数量为 234 个，占 67.0%；芽变选种次之，为 77 个，占 22.1%；实生选种为 34 个，占 9.7%；诱变选种最少，为1.2%（图 1 - 5）。

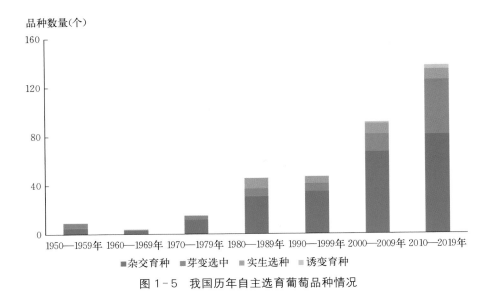

图 1-5 我国历年自主选育葡萄品种情况

三倍体葡萄因具有无核或少核、无核化处理后果粒大、产量高且稳、植株生长旺盛等优良特性，成为葡萄育种的重要目标之一。培育三倍体葡萄的途径有常规杂交育种、胚挽救有种、芽变选种、胚乳培养、花药培养等。

1. 常规杂交育种

杂交育种是指利用 2 个或 2 个以上遗传型不同的有机个体，利用人工授粉或分离融合技术获得杂交种源，对其进行培育、筛选以获得新的品种。果树为多年生植物，从杂交到新品种培育成功要花费 10～15 年的时间。但由于二倍体和四倍体杂交亲和力差，坐果率低，杂种胚早期败育或胚乳解体，获得的三倍体杂交种子生活力低，很难得到后代植株，育种效率低且进程缓慢，育种周期较长。如河北省农林科学院昌黎果树研究所选育的 8611，是由郑州早红和巨峰杂交而成，是中国首例三倍体新品种；浙江省农业科学院选育的天工翡翠是由金手指和鄞红杂交而成的三倍体无核品种。

2. 胚挽救育种

（1）胚挽救概述 研究表明，85％以上的无核葡萄为假单性结实，即种子败育型，虽然经过受精，但受精后的胚很快停止发育导致无核或残核。随着组织培养技术的发展，葡萄胚挽救技术应运而生，在一定程度上解决了无核葡萄育种的难题。某些无核葡萄在发育过程中由于营养缺失或一些生理原因，造成胚在发育的早期阶段就退化败育，胚挽救技术针对这一类型的合子胚进行早期离体培养以获得正常幼苗。胚挽救是胚培养的主要内容，报道过的有离体培养、活体培养和活体转移3种方法，应用最普遍的就是早期胚离体培养技术。无核葡萄胚挽救技术是针对种子败育型即假单性结实的无核葡萄品种，在合子胚退化败育以前人工离体，给予合适的培养环境使其继续发育成苗，培育成正常的完整植株。

（2）胚挽救发展史　传统杂交育种的缺陷以及生物技术的发展，使得植物组织培养技术在果树育种中的应用越来越广泛和迅速。1982年，Ramming等首次报道了利用葡萄胚珠培养方法获得2株无核葡萄实生苗，开启了无核葡萄胚挽救的研究之路。胚挽救技术直接利用无核与无核杂交组合，节省了约5年的育种年限，无核比例也大大提高。之后，Cain（1983）、Emershad（1984）、Spiegele‑Roy（1985）、Goldy（1987）等也分别进行了胚培养试验，并得到许多无核单株，Gray等（1987）首次以抗病无核与无核葡萄杂交，获得抗病杂种优株，并于1990年创建了胚培苗的田间选种圃。

董晓玲（1991）等对腾格尔无核葡萄开展葡萄胚发育和胚挽救方面的研究。之后，朱林（1992）、李桂荣（2004）、蒋爱丽（2002）等对无核葡萄胚培养进行研究，成苗率达到45%。赵胜建等（2005）试验证明，二倍体和四倍体品种之间杂交多是无核的。Yamashita等（1993）首先利用有核四倍体和二倍体杂交通过胚培养得到三倍体植株。之后，潘春云等（1998）、李世诚等（1998）、徐海英等（2001）、郭印山等（2006）、闫爱玲等（2008）、石艳等（2012）、郑婷等（2015）、程建徽等（2019）、张晓涵等（2020）、魏晓慧等（2020）也得到二倍体与四倍体杂交后代苗。

（3）胚挽救流程

① 摘心环剥。母本新梢长至6叶期，花序上留1叶进行摘心处理，在花前7～10天顶副梢进行二次摘心处理，其余副梢留1叶摘心，控制营养生长，促进花序发育，在初花期人工去雄授粉前进行顶副梢摘心与结果枝的环剥。

② 杂交后取样、低温处理后接种胚珠。母本初花期进行人工去雄授粉，在授粉后胚败育前最佳期即授粉后33～40天摘取幼果，进行3天的4～6℃低温处理，取出后流水冲洗30分钟，然后于超净工作台用75%乙醇漂洗30秒，无菌水冲洗1次，再将果粒放入升汞溶液消毒6分钟，无菌水冲洗3～5次，剥取胚珠，接种在固体培养基［B_5＋2.0毫克/升IBA（吲哚丁酸）＋1毫克/升GA_3（赤霉素）＋0.2毫克/升6‑BA＋6克/升蔗糖＋1克/升活性炭］上，25℃暗培养80～90天。

③ 取裸胚接种。胚珠纵切剥取白色裸胚，接种到胚萌发培养基［木本植物培养基（woody plant medium，WPM）＋0.6毫克/升6‑BA＋3克/升蔗糖＋1.5克/升活性炭］上，萌发成苗。

④ 继代扩繁。将 30～40 天苗龄的胚挽救试管苗继代扩繁，双芽茎段接种在继代培养基（1/2WPM＋0.2 毫克/升 IBA＋3 克/升蔗糖＋2.5 克/升活性炭）上，培养成苗（图 1-6）。

去雄	授粉	杂交幼果	取胚珠
胚珠培养	剥取裸胚	胚	胚珠培养后7天
胚成苗	去除叶片并剪成小的茎段	茎段接种	接种茎段发芽生长

图 1-6　胚挽救流程图

⑤ 炼苗移栽。胚挽救苗采用培养瓶内密闭 2 天—培养瓶内开口 2 天—出培养瓶 10 天—自然条件 7 天的程序化炼苗方式，即试管苗移到室内自然光条件下 2 天，适应光照；打开瓶口松开瓶盖 2 天，适应光照、温度与湿度变化。

⑥ 取出试管苗、洗净根系上培养基，栽入已装好用 70％甲基托布津 1 000 倍灭菌泥炭的营养钵（12 厘米×10 厘米）中，并盖塑料杯保湿，时间为 7 天，适应光、温湿度与培养基质；移到设施条件下炼苗 7 天进行移栽前的适应性锻炼，发生 2 片新叶后定植，苗床土壤用 30％恶霉灵消毒，即得到葡萄杂交苗植株（图 1-7）。

（4）胚挽救影响因素

① 亲本选择。亲本是杂交种后代性状形成的基础，选用亲本的好坏直接影响到杂交育种的效果。只有假单性结实的无核葡萄才可以进行胚挽救，而且

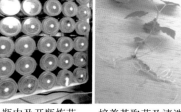

瓶内及开瓶炼苗　　培养基取苗及清洗　　培养室基质炼苗　　设施条件下适应性锻炼

室外适应性锻炼　　　　基质移栽成活株　　　　　移入大田成活株

图1-7　胚挽救苗炼苗过程

只有发育到球形胚及以后的胚容易挽救成功。母本材料胚的可挽救性和发育程度是无核葡萄杂交胚是否能够挽救成功的重要原因。研究表明，用四倍体作母本、二倍体作父本时，容易得到发育完全的种子，其中约有30%是三倍体；相反，用二倍体作母本，则正常的单倍性雌配子受精产生的三倍体胚几乎全部退化，有时不能产生种子或极少产生种子。另外，父本基因型对胚挽救的效果也有影响，无核性状为隐性基因控制，选择无核传递能力较好的品种作为父本可以有效提高无核后代比例。

②　取样时期。无核葡萄胚的发育受基因型的严格控制，不同品种，甚至同一品种的不同植株，同一植株的不同部位，其胚发育期的长短是不同的。因此，研究胚败育的过程，确定胚珠接种的最佳时期是胚挽救成功的前提。胚发育程度最高而尚未达到败育的时期进行胚培养可以获得最多数量的萌发苗。因为培养时间过早，合子胚数量多，但是胚小，发育程度低，培养需要复杂的营养及调节物质，不易成功；而过晚，大部分合子胚已退化，但未退化的合子胚发育程度高，培养基成分可相对简单，但萌发成苗数少。取样时期的确定与母本的成熟期有很大关系，母本相同的杂交组合最佳取样时期相差不大。胚挽救

的取样时期可以根据母本品种成熟期确定，早熟品种为授粉后 6～9 周，中熟品种为授粉后 7～10 周，晚熟品种为授粉后 9～12 周。实际应用中，要考虑具体的环境条件、地理位置及气候条件，同一品种在不同年份的最佳取样时期也不尽相同。

③ 培养基。选择适宜的培养基是获得成功的关键环节。在胚挽救的不同阶段有其各自适宜的培养基及其需要补充的激素、碳源等。通常，无核葡萄胚珠发育阶段主要用到的基础培养基有 ER、MS、B₅、White、Nitsch、NN 等。多数研究表明，Nitsch 或 ER 作为无核葡萄胚珠发育基本培养基获得了良好效果，而胚萌发和成苗培养基选用 1/2 MS 或 1/2 B₅ 较好。另外，培养基的相态对胚挽救也有一定影响，固态培养基比液态更适合胚珠发育。生长调节剂在胚挽救过程中起着重要作用。而不同的品种不同的时期对生长调节剂的敏感度和需求有所不同。激素方面，主要使用的激素有赤霉素（GA₃）、吲哚乙酸（IAA）、吲哚丁酸（IBA）、6-苄氨基嘌呤（6-BA）、玉米素（ZT）。胚发育过程中加入一定量的 IAA 和 GA₃ 可以有效打破休眠，在胚萌发和成苗阶段对激素要求比较简单，不加激素也可以萌发成苗，但适量的 6-BA 有利于胚的萌发。

④ 培养条件。光照，一般光照周期为 12～16 小时，光照强度 2 000 勒克斯。黑暗条件下有利于胚珠的发育，这是由于暗培养刺激了内源激素的分泌；温度，在胚挽救过程中，温度可以决定呼吸速度和控制植物组织代谢过程。最适温度范围为 23～28 ℃。大多数研究者在胚挽救过程采用的是恒温培养，温度一般控制在（25±2）℃，也有人认为在低温条件对胚发育和萌发有着促进作用；湿度，在葡萄胚挽救培养的 3 个阶段中，胚珠生长对湿度的要求有所不同，王跃进等创建的无核葡萄胚挽救技术体系中建议胚珠接种在固液双相培养基中，先把离体胚珠接种在固体培养基中，然后再倒入一定量的液体培养基，这对于保持离体胚珠生长的湿度环境有很大作用，胚珠内胚的发育率较高。

⑤ 接种方式。在葡萄胚珠培养过程中，珠被的处理方式主要有完整胚珠培养、横切或切喙培养、剥取裸胚培养 3 种方法。许多研究结果表明，对胚珠进行处理，并将切去一部分的胚珠含胚的那部分的切面直接与培养基接触，有利于胚对营养物质的吸收，胚发育率最高。品种不同，胚的发育形态和程度不同，所以胚萌发的方式应该通过试验观察寻找最合适的处理方式。

⑥ 移栽。胚挽救苗的移栽和管理是胚挽救技术体系中的关键环节之一，胚培苗能否在大田中成活是胚挽救技术成功与否的指标，也是进一步育种的基础。胚挽救苗的生长状况、温湿度、基质、光照等都影响到胚培苗的移栽成活率。研究表明，最适宜移栽的基质配比为珍珠岩∶草炭∶园土＝4∶1∶1，并

使用 1/16MS 营养液浇灌，成活率可达到 90％，在温室中锻炼 2～3 个月再移入大田。

3. 芽变选种

（1）芽变育种 芽变是指芽由于受到环境影响，分生组织细胞发生突变，突变后的芽正常发育生长成枝条，对比原植株、变异枝条和结出的果实发生改变的情况。芽变来源于体细胞中自然发生的遗传物质变异。变异的体细胞发生与芽的分生组织或经分裂与发育进入芽的分生组织，形成变异芽。芽变经常发生及变异的多样性，使芽变成无性繁殖植物，产生新变异的丰富源泉。芽变选种的突出优点之一是在基本保持原有品种综合优良性状的基础上对个别缺点进行了"修缮"，另一突出优点是育种速度快，一个优良芽变一旦被鉴定为真芽变，即可通过无性繁殖（如嫁接、扦插）将其优良性状保留下来，通过扩繁无性系，较快地应用于生产。

（2）葡萄芽变选种 芽变产生的新变异，既可从中选育出新的优良品种，又可以不断丰富原有种质库，为杂交育种提供新的种质资源。葡萄芽变常因果实形状、色泽与成熟期的改变而被发现，因而葡萄是芽变新品种数量最多的果树之一。我国有 22.1％ 的品种来自芽变选种，包括吉香、大无核白、户太 8号、烟葡 1号、蜀葡 1号、红太阳、桂葡 3号、桂葡 4号、峰早、宇选 1号、玉手指、早甜等。在统计分析的葡萄芽变品种（系）中很多表现为多性状变异，如六月紫芽变大粒六月紫、秋黑芽变紫地球、红地球芽变红太阳和夏黑芽变辽锋等 11 个芽变品种，其变异均包含了大粒和早熟；红指芽变红乳，其变异包含了果型变异和晚熟；红地球芽变蜀葡 1号、金香芽变桂葡 3号和黑后芽变桂葡 5号 3 个芽变品种，其变异包含了皮色变异和早熟。

表 1－3 我国利用芽变育种培育的葡萄品种

品种	芽变亲本	芽变类型	种类
沈阳玫瑰	玫瑰香	大粒，早熟	欧亚种
大粒六月紫	六月紫	大粒，早熟	欧亚种
红太阳	红地球	大粒，早熟	欧亚种
华变	华夫人葡萄	大粒，早熟	不详
辽锋	夏黑	大粒，早熟	欧美杂种
紫提 988	红地球	大粒，早熟	欧亚种
早甜	先锋	大粒，早熟	欧美杂种
秦龙大穗	里扎马特	大粒大穗，早熟	欧亚种
紫地球	秋黑	大粒大穗，早熟	欧亚种

（续）

品种	芽变亲本	芽变类型	种类
玉手指	金手指	穗大，早熟	欧美杂种
早莎巴珍珠	莎巴珍珠	早熟	欧亚种
康太	康拜尔早生	早熟	欧美杂种
六月紫	山东早红	早熟	欧亚种
洛浦早生	京亚	早熟	欧美杂种
90-1	乍娜	早熟	欧亚种
烟葡1号	早熟8612	早熟	欧亚种
宇选1号	巨峰	早熟	欧美杂种
山东大紫	山东早红	早熟	欧亚种
红双星	山东早红	早熟	欧亚种
早红珍珠	绯红	早熟	欧亚种
红旗特早玫瑰	玫瑰香	早熟	欧亚种
6-12	绯红	早熟	欧亚种
峰早	夏黑	早熟	欧美杂种
鄞红	藤稔	晚熟	欧亚种
红乳	红指	晚熟，果型变异长圆形变为肾形	欧亚种
吉香	白香蕉	果型变异，大粒	欧美杂种
绿宝石	汤姆逊	果型变异，大粒	欧亚种
水源1号	野生毛葡萄	果型变异，大粒，有香味或草莓味	毛葡萄
水源11号	野生毛葡萄	果型变异，大粒	毛葡萄
瑞锋无核	先锋	果型变异，大粒	欧美杂种
长龙眼	龙眼葡萄	果型变异，大粒	欧亚种
大眼龙眼	龙眼葡萄	果型变异，长粒	欧亚种
鸡心龙眼	龙眼葡萄	果型变异，鸡心形	欧亚种
户太8号	奥林匹亚	果型变异，大粒，抗病耐旱	欧美杂种
户太10号	户太8号	果型变异，大粒	欧美杂种
大无核白	无核白	果型变异，大粒	欧亚种
新葡7号	无核白	果型变异，大粒	欧亚种
长粒无核白	无核白	果型变异，长粒	欧亚种
长穗无核白	无核白	果型变异，长穗形变异	欧亚种
户太9号	户太8号	抗逆性强	欧美杂种
红亚历山大	亚历山大	红色果皮色泽变异	欧亚种

（续）

品种	芽变亲本	芽变类型	种类
蜀葡 1 号	红地球	早熟，亮红色果皮变异	欧亚种
桂葡 3 号	金香	早熟，金黄色果皮芽变	欧美杂种
桂葡（酿）5 号	黑后	早熟，紫黑色果皮芽变	欧亚种
桂葡 4 号	夏黑	粉红色果皮芽变	欧美杂种
白龙眼	龙眼葡萄	黄绿色果皮色泽变异	欧亚种
深红龙眼	龙眼葡萄	深紫红色果皮色泽变异	欧亚种
花皮龙眼	龙眼葡萄	果皮表面分布灰白色条纹	欧亚种
超藤	藤稔	耐储性提高，甜度高	欧亚种

芽变与原始品种的栽培特点有关。以夏黑为例，目前在我国江苏、浙江、上海、安徽等地区的葡萄生产中陆续出现了表现各异的夏黑芽变品种，这些品种均为成熟期的芽变，包括上海的早夏无核（2008）、浙江的天工墨玉（2008）和南太湖特早（2011）、江苏的早夏香（2014）和紫香妃（2013）。另外，一些传统的酿酒品种，如阿拉蒙、歌海娜、比诺、特雷特及赤霞珠可变异产生紫黑、灰色和黄绿色的葡萄品种，而黄绿色葡萄萨瓦酿、霞多丽或沙斯拉也可产生有色品种的芽变。黑比诺葡萄是栽培历史悠久的欧洲葡萄种群，包括黑比诺、灰比诺、白比诺等品种及其变异品种，是研究芽变的重要品种资源。

（3）芽变鉴定方法

① 形态学鉴定。葡萄生长过程中，其形态学特征易于观察，根据形态学差异来进行分类是葡萄分类中常见的基本方法。表型的改变往往是由基因与环境联合作用的，形态特征易受外界条件的影响，故有时不能准确达到鉴定的目的，但可作为品种鉴定与亲缘关系研究的辅助鉴定指标。②孢粉学鉴定。孢粉学鉴定是根据花粉超微形态特征来进行鉴定的，花粉的超微结构较稳定不易受外界环境的影响，可以作为品种鉴定的依据，不同葡萄品种具有其特有的花粉形态。③同工酶鉴定。同工酶是高等植物中普遍存在的蛋白质分子，是结构不同且具有一样催化作用的分子。鉴定原理是根据不同蛋白质在电场中移动距离不同，形成蛋白质的区带谱来进行鉴定。每种植物含有的蛋白质不同，故造成区带谱的差异，达到区分的目的，过氧化氢酶、酯酶以及过氧化物酶是常用于同工酶鉴定的同工酶。④分子标记鉴定法。分子标记（molecular marker）是一种有效的验证表型和基因型变异关系的标记方法，遗传标记以 DNA 多态性为基础，从 DNA 水平上来分析差异，目前有多种分子标记方法被用于品种鉴定。包括随机扩增多态性 DNA 标记（random amplified polymorphic DNA，

RAPD），扩增片段长度多态性技术（amplified fragment length polymorphism，AFLP），单核苷酸多态性分子标记（single nucleotide polymorphism，SNP），引物结合位点间扩增标记（inter primer binding site，iPBS），简单重复序列标记（Simple Sequence Repeat，SSR），简单重复序列中间区域标记（Inter - Simple Sequence Repeat Polymorphic DNA，ISSR），相关序列扩增多态性（Sequence - related amplified polymorphic，SRAP）。

4. 实生选种

实生选种是从自然授粉产生的种子播种后形成的实生植株群体中，采用混合选择或单株选择获得新品种的方法。葡萄实生选种不等同于自交选种。自然界中，植株的二倍体配子（$2n$）未发生减数分裂，与二倍体杂交就有可能产生三倍体。但不同树种和品种发生频率不一样。$2n$ 配子的自然发生频率一般都比较低，葡萄的 $2n$ 花粉发生频率为 $0.015\%\sim5.85\%$。

5. 胚乳培养

胚乳是通过 1 个精核和 2 个极核融合而成的三倍体组织，葡萄胚乳培养获得三倍体植株，可育成无籽或少籽品种。但由于胚乳培养分化困难，成苗率低，较难获得三倍体新品种。

6. 花药培养

花药培养是用植物组织培养技术，把发育到一定阶段的花药，通过无菌操作技术，接种在人工培养基上，以改变花药内花粉粒的发育程序，诱导其分化，并连续进行有丝分裂，形成细胞团，进而形成一团无分化的薄壁组织——愈伤组织，或分化成胚状体，随后使愈伤组织分化成完整的植株。曹孜义等（1996）用歌海娜葡萄花药培养，诱导出胚状体，胚状体再生出完全型的三倍体植株。

五、发展前景

天工墨玉作为夏黑的优化品种，自 2018 年推广至今得到了种植户、批发商、消费者三者欢迎。种植户认为该品种生长势旺、树成形快、投产早、花芽分化好、抗病抗逆性好，比现已种植的京亚、早夏无核、南太湖特早品质好；比已种植的夏黑、寒香蜜、晨香抗裂果性好；比碧香无核抗灰霉病能力强；比早夏无核、夏黑皮不涩；维生素 C、花色苷、多酚均比夏黑、早夏无核、南太湖特早含量高。通过双天膜促早 5 月节前后上市，效益高，深受生产者欢迎。批发商因天工墨玉果穗、果粒大小可人为调控，自然上色好，香气浓，糖度高、酸度低，上市时间正逢云南夏黑销售结束，其他葡萄尚未上市，价格较夏黑高 4~8 元/千克，所以喜欢。而消费者品尝天工墨玉葡萄后，改变了消费者心目中早熟葡萄酸、不甜的观念。天工墨玉葡萄无核、可带皮吃、口感好、营养价值高，特别受小孩、老人和网购客户的喜爱。在种苗销售时，发现有苗商用夏黑、早夏无核、南太湖特早苗冒充天工墨玉苗来销售；果实销售时，发现有商贩用夏黑、早夏无核葡萄冒充天工墨玉葡萄来销售，更加说明天工墨玉优越之处。平湖妙农缘基地天工墨玉葡萄50元/千克，需要订货。千岛湖刘泽江先生2分地卖了1万元。因此，该品种发展十分迅速，市场前景广阔。目前，已推广至浙江省内的海宁、海盐、平湖、嘉善、温岭、天台、浦江、金东、缙云、瑞安、乐清、上虞、诸暨、德清、南浔、淳安、萧山、镇海、鄞州等地，浙江省外的江苏如皋、上海金山、江西崇仁、甘肃兰州、河北石家庄、山西稷山、辽宁阜新、河南平顶山、福建宁德、黑龙江大庆、天津武清、安徽、云南元谋、山东青岛、广西南宁、宁夏等地。

浙江温岭　　　　　　　　　　福建宁德

浙江海盐　　　　　　　　　　嘉兴平湖

图 1-8　天工墨玉葡萄在各地的种植表现

第二章 天工墨玉葡萄苗木繁殖

一、育苗地选择与准备

1. 育苗地选择

选择未曾种植过葡萄树或育葡萄苗的田地，要求地势平坦、土层深厚、土质疏松、便于灌排以及交通方便、便于机器挖苗、无污染源。山地向阳缓坡，由于地温较高、排水性能好、通风透光，适合天工墨玉葡萄种植。

2. 育苗地土壤改良

我国20世纪的强酸性土壤面积约1.69亿亩，到21世纪已增加到2.26亿亩，酸性土壤的改良影响着土壤的肥力、葡萄的品质和产量。在浦江县的试验结果表明，改良剂的使用对葡萄品质有一定的促进作用，不同土层的pH和有机质含量有着明显差别，改良剂的综合应用效果依次为：蚕沙＞有机-无机复合肥＞石灰＞土壤调理剂＞腐殖酸钾（图2-1）。

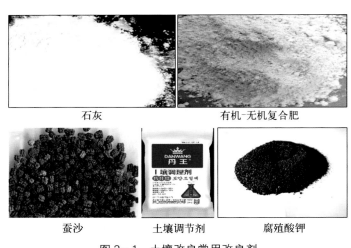

石灰　　　　　　　　　有机-无机复合肥

蚕沙　　　土壤调节剂　　　腐殖酸钾

图2-1 土壤改良常用改良剂

3. 育苗地准备

育苗地首先淹水72小时，杀死土壤病虫害。撒施腐熟的猪粪或羊粪或牛粪等有机肥，每亩1 000～1 500千克，使用微耕机全园翻耕，深度20厘米～

30 厘米，待越冬风化。2 月开沟作畦，做好苗床。用于嫁接的，畦宽设置为 1 米，每畦扦插 4 条（方便两边嫁接），畦沟 0.3 米（嫁接时方便摆放凳子），将畦面耙细后整平、耙细后，铺好 2 条微喷或滴灌带再覆盖黑地膜（图 2-2）。

图 2-2　葡萄育苗

二、自根苗培育

1. 休眠枝条采集

时间在 12 月（双天膜栽培的在 11 月）至翌年 1 月，一般结合冬季修剪，选取色泽正常、芽眼饱满，无蚧类、白粉病、枝干溃疡病等病虫危害症状的一年生成熟枝，横截面呈圆形或近圆形，直径≥0.8 厘米、≤1.2 厘米，髓部要＜直径 1/3，节间长为 5～12 厘米，作为插条，剪成 6～8 节长（50 厘米左右），每 50 条左右绑成 1 捆。

2. 休眠枝条整理

沙藏前将枝条剪成 2～3 芽段，约 15 厘米，离芽 1～1.5 厘米上端处平剪，离芽 0.5～1 厘米下端斜剪呈马耳形，这样方便扦插且不易搞反方向。剪好的枝条捆成 20 根左右一把，装入蛇皮袋内，放在水中浸泡 24 小时，使枝条充分吸收水分。

3. 休眠枝条储藏

选择高燥而又排水良好的地段，挖成长方形的坑，沟深（地下水位高的）20～40厘米，长度和宽度依储藏枝条数量而定，坑底铺沙15厘米厚，然后将成捆的插条，顺序竖放于沙上，每放一层就铺5～6厘米厚的沙，插条与插条的空隙用沙填充，以免插条发霉变质。一般放2～3层插条为好，过多则不易掌握底层的温度。最上面的1层覆盖5～10厘米厚的沙。

4. 扦插

（1）扦插前的准备 为促进插条生根，可将插条下半部浸入吲哚乙酸40～50毫克/千克溶液，或萘乙酸50～100毫克/千克溶液，浸泡12～24小时。如用500～1 000毫克/千克的吲哚丁酸快速处理5秒，效果也较好。

（2）扦插方法 在当地气温达到15℃的时候扦插。一般在2月上旬至3月上旬。按行距15～20厘米，株距15厘米左右扦插。扦插时：顶芽要微露出膜面上2～3厘米（防膜灼伤）；插后要灌透水1次（图2-3）。

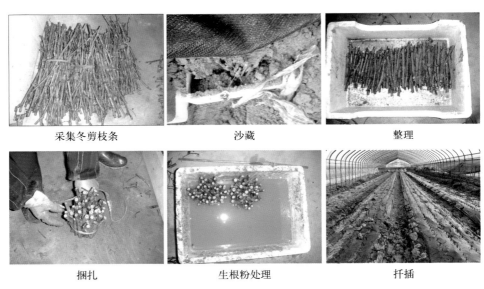

采集冬剪枝条　　　　　　沙藏　　　　　　整理

捆扎　　　　　　生根粉处理　　　　　　扦插

图2-3　葡萄扦插育苗过程

（3）扦插后的管理 一般3月上中旬萌芽（设施内育苗的萌芽提早）。扦插后一般多雨，要注意排水。但如遇春旱应适当浇水，以保持插条基部湿润，有利于发根。卷须出现或新梢达5叶时，开始施肥，4月下旬至6月上旬，苗木进入迅速生长期，需要大量的养分，应追施速效性肥料2～3次。7～8月，幼苗主梢长至8叶以上摘心，顶副梢留2～3叶反复摘心，其余副梢尽早抹除，基部发出的副梢去除，以利通风。至9月，对主梢头摘心，使它加粗生长。

三、嫁接苗培育

嫁接是果树无性繁殖的方法之一，即采取优良品种植株上的枝或芽接到另一植株的适当部位，使两者结合而生成新的植株。嫁接口上部称为接穗，下部称为砧木。根据嫁接材料的不同，通常将嫁接分为硬枝嫁接和绿枝嫁接，春季用硬枝嫁接，夏季用绿枝嫁接。

1. 绿枝嫁接

绿枝嫁接就是用半木质化的接穗嫩枝嫁接到当年砧木抽生的绿枝上。北方一般为6月至7月上中旬进行嫁接，南方一般为4～6月进行嫁接，各地略有差异。

（1）砧木培养 嫁接前的扦插与管理参考自根苗培育。上年未接活的砧木根系修短至3厘米左右，准备抽绿枝嫁接的只留1个芽，尽量接近根系。开槽种植，方便盖地膜，防杂草且有利于成活和生长。

（2）接穗的采前处理 嫁接前7～10天将作为接穗的嫩枝进行摘梢尖，以促枝条充实、芽眼饱满。

（3）嫁接时期 嫩枝已半木质化，芽眼已具备发芽能力的均可以进行嫁接，但以早接为好，成活后有较长的时间进行生长。这比翌年春季硬枝嫁接成活率高。浙江等南方地区设施内4月至6月中旬、露天5～6月为嫁接适宜期。

（4）接穗的剪取 节间长的品种，1芽1节为1接穗；节间特别短的品种，2芽2节为1接穗。去叶，保留1～2厘米叶柄，在接穗芽的上方留1.5～2.0厘米，下方留3～5厘米。以防枝干枯，影响芽的萌发。剪好的接穗用湿布或纸盖住，最好随采随接。异地嫁接，用湿报纸盖住去叶绿枝，用密封的泡沫箱快递。以接穗木质化比砧木木质化程度高的组合成活率高，接穗粗度稍大于砧木木粗为宜。

（5）嫁接方法 大多采用劈接。

（6）接穗处理 先在接穗芽的下方，选择较宽的两侧面，用锋利的双面刀片，削成长约3厘米的长楔形，斜面要光滑。

（7）砧木处理 新梢基部留3～4片主梢叶作抚养叶，去除副梢，在第3～5节选取并截断，选宽面中间劈下，劈口深3厘米，用手握住砧木刀口两侧，将接穗插入切口，使形成层紧密贴接。砧穗粗细不同的，一侧的形成层要对齐，接穗削面上端要露白，然后用塑料薄膜由下而上顺势包扎伤口，对露出的接穗上端的伤口和叶柄伤口、卷须伤口，再用薄膜封住，形似"戴帽"，再往下打结（图2-4）。

（8）接后检查 接后7天左右进行检查，芽眼新鲜或开始膨大，留叶柄的一触即落表示成活。一般接后15天左右萌发新梢，但接穗芽发育不良的或老

| 接穗处理 | 接穗四个面 | 嫁接 | 薄膜封住 |

图 2-4　葡萄绿枝嫁接

化的推迟萌芽。嫁接时不小心把芽包住的在检查成活时立即挑破膜，以利芽萌发抽生。

（9）接后管理　接芽膨大至萌发期，及时抹除砧木上的萌芽 2～3 次，不足 3 叶的砧木用副梢叶弥补。根据土壤水分状况，注意灌水，接芽成活后追施少量氮素肥料，促进接穗新梢加速生长。当苗长至 50 厘米高时，立小竹竿拉绳，长至 10 叶高时留 8 叶摘心，让小苗梢头夹在绳中间并保持直立向上姿态，摘心后顶副梢留 2 个，侧副梢抹除。

病虫害防治：萌芽后至新梢 5 厘米，注意防治黑痘病、绿盲蝽，喷施甲基托布津＋特福力，4～6 月防治黑痘病、红蜘蛛危害，喷施福星＋阿维·螺螨酯。梅雨季节防治霜霉病、红蜘蛛，喷喹啉酮或霉多克＋阿维·哒螨灵。5 月中下旬至 6 月上旬喷防治透翅蛾，喷氯虫苯甲酰胺 3 000 倍液。6 月以后可每隔 15 天喷洒波尔多液等铜制剂，以防治各种病害。8～9 月如有霜霉病、白粉病、叶蝉、天蛾、斜纹夜蛾，使用硫制剂防病、甲维盐等防虫。

2. 硬枝嫁接

硬枝嫁接是指利用机械剪切接穗和砧木，并将两者剪切面的形成层直接压合在一起的高效嫁接技术。具有高效、省时、省力、苗木成活率与质量高等优点。嫁接接口主要是 Ω 形，具体过程如下。

（1）砧木取材与储藏　砧木一般结合前一年冬季修剪（11～12 月）进行采集，要求枝条新鲜，完全成熟，芽眼饱满，无病虫危害，无机械损伤，无冻闷伤害。砧木直径一般为 0.7～1.1 厘米。顶芽上部平剪留 3 厘米以上，下部在芽下斜剪，枝条芽眼全部削掉，以防止砧木芽的萌发而影响嫁接的成活率，长度在 30 厘米左右。剪好的砧木枝条要求直立没有弯曲，50 根一捆进行沙藏。沙藏要求填埋在深约 50 厘米的沟内，先在沟底部平铺 5～10 厘米厚的湿沙或细沙土，每放 1 捆砧木枝条，填埋 1 层沙子，沙条相间，保证每根枝条都能够与湿沙接触。砧木枝条平放。进行沙藏的温室要及时进行通风。

（2）接穗的采集与储藏　接穗枝条在前一年成熟落叶后结合冬季修剪进行采集。枝条一般选择品种纯正、植株健壮的结果枝上的营养枝，应为充分成熟、节部膨大、芽眼饱满、髓部小于枝条直径的1/3、没有病虫的一年生枝。每50个枝条绑1捆，捆扎整齐，不同品种做好标记，进行沙藏，沙藏方法同砧木沙藏的方法。

在砧木、接穗储藏期间一定要保证不发霉、失水。如果枝条本身的成熟度较差，会影响后期愈伤组织的形成与愈合。

（3）砧木和接穗处理　在进行嫁接前3天将砧木在沙子中取出，放入清水池浸泡24～48小时后取出，在50%多菌灵800倍溶液中浸泡5分钟，再晾干水分。在嫁接前1周将沙藏的枝条取出后，进行剪取接穗，要求单芽剪截，芽上方留枝段0.5～1厘米，芽下方留枝段2～3厘米。

（4）嫁接时间及方法　嫁接的时间：北方3月底至4月底为宜，南方12月至翌年2月，持续时间大概为半个月。嫁接在嫁接温棚内进行，温度控制在16～21℃，空气相对湿度为70%，嫁接棚内要用84消毒液进行全面喷洒消毒灭菌，其中，嫁接机、育苗箱、周转箱都要进行消毒灭菌。

（5）嫁接技术要点　在进行硬枝嫁接时要选择砧木、接穗粗度一致的枝条进行嫁接。在进行嫁接时，注意砧木、接穗不能倒置，将接穗与砧木扶正，保证砧木与接穗的形成层对齐。

（6）蘸蜡、冷却　将嫁接完成的枝条放到周转箱内，一次拿10根左右嫁接好的枝条竖直插入蜡汁中（提前用电热器将蜡块融化后，冷却至85℃后倒入熔蜡池），用手拿嫁接枝条时，要将枝条散开，防止蘸蜡时发生黏连，蘸完蜡后迅速放入凉的清水中冷却2～3秒。冷却完成后将苗木装箱（图2-5）。

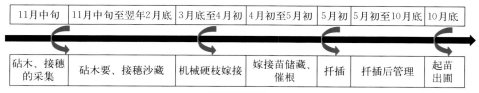

11月中旬	11月中旬至翌年2月底	3月底至4月初	4月初至5月初	5月初	5月初至10月底	10月底
砧木、接穗的采集	砧木要、接穗沙藏	机械硬枝嫁接	嫁接苗储藏、催根	扦插	扦插后管理	起苗出圃

周年嫁接管理

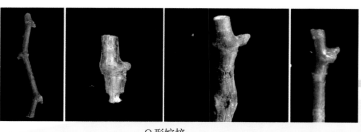

Ω形嫁接

嫁接工具的演变

图2-5 葡萄硬枝嫁接

（董天宇供图）

3. 砧穗组合选择

（1）常用砧木特点 现在世界上常用的砧木品种主要来源于河岸葡萄（*Vitis riparia*）、沙地葡萄（*V. rupestris*）、冬葡萄（*V. berlandieri*）、霜葡萄（*V. cordifolia*）、圆叶葡萄（*V. rotundifolia*）、美洲葡萄（*V. labrusca*）和欧洲葡萄（*V. vinifera*）等野生种及其之间的杂交后代。其中以河岸葡萄×沙地葡萄、冬葡萄×河岸葡萄和冬葡萄×沙地葡萄应用最为广泛。

① 主要葡萄野生种及特性。野生葡萄中利用较多的是美洲种群中的葡萄，河岸葡萄、沙地葡萄和冬葡萄是常用砧木的主要来源（表2-1）。我国野生葡萄资源中除了对山葡萄利用的较多，其他野生葡萄如刺葡萄等资源中蕴含的优良抗性基因还有待发掘利用。

表2-1 常用葡萄砧木的品种特性

种质名称	原产地	砧木特性	抗性	适应性
河岸葡萄 *V. riparia*	北美东部	矮化砧，根系浅，嫁接后有"小脚"现象；提早成熟，提高果实品质，但产量较少，生命周期短	抗真菌性病害，高抗根瘤蚜；抗寒性强，耐湿不抗旱	耐酸性土壤，不耐石灰质土壤
沙地葡萄 *V. rupestris*	美国中部和南部	乔化砧，根系深，嫁接后产量高，延迟成熟，坐果率和果实品质下降	抗真菌性病害，抗根瘤蚜；抗寒性很强，抗旱不耐湿	不耐石灰质土壤，耐瘠薄
冬葡萄 *V. berlandieri*	美国南部和墨西哥北部	嫁接后提早成熟，产量和果实品质提高，生命周期长，结果期较长，但发根不好；扦插不易生根，繁殖困难	抗真菌性病害，抗根瘤蚜，抗扇叶病毒，抗茎痘病，抗缺绿症；抗旱，耐热性强	耐石灰质土壤

（续）

种质名称	原产地	砧木特性	抗性	适应性
山葡萄 *V. amurensis*	中国东北、华北，西伯利亚、朝鲜及俄罗斯远东地区	生长势旺，枝条能抗−45 ℃低温，根系能抗−16 ℃～−14 ℃的低温	抗寒性很强，较抗白腐病、黑痘病、炭疽病	—
圆叶葡萄 *V. routundifolia*	美国东南部	扦插难生根	葡萄属中抗根瘤蚜能力最强，抗多种线虫，抗真菌性病害；耐热不抗寒，抗旱	耐石灰质土壤
美洲葡萄 *V. labrusca*	美国东部、东北部和加拿大东南部	枝条抗−30 ℃，根系抗−10 ℃	抗寒耐高温，抗根癌病，黑痘病，抗根瘤蚜能力较差	—
欧洲葡萄 *V. vinifera*	亚洲西部	—	喜光，抗旱耐热，抗缺绿症，不抗根瘤蚜和真菌性病害	耐盐，耐石灰质土壤
山平氏葡萄 *V. champini*	—	扦插生根能力优于冬葡萄，次于沙地和河岸葡萄	抗线虫，抗根瘤蚜能力较强；抗旱	—
沙罗尼司葡萄 *V. solonis*	—	—	抗线虫，抗根瘤蚜能力中等	生长势强，适应范围广

　　② 葡萄砧木杂交品种习性。野生种葡萄能适应各种不同的生长逆境，蕴含着丰富的抗性基因，但栽培上需要将野生种葡萄上的优良抗性基因集中到一个品种，故将野生种葡萄经过多次杂交，选育出理想品种，更好地适应不同的葡萄栽培环境，并加以推广应用。常见葡萄砧木杂交品种习性见表2-2。

表2-2　常见葡萄砧木杂交品种习性

组合	杂交砧木	习性
冬葡萄×河岸葡萄 （*V. berlandieri*×*V. riparia*）	Kober、Teleki、5A、5C、8B、5BB、420A、520A、125AA、157-11、157-11C、SO4、99R、33EM、Cosmo2、Cosmo10、抗砧3号	易生根，嫁接亲和性好；抗根瘤蚜；大多数抗寒、耐湿，也有较耐旱的，有些在过旱土壤上生长势较弱；耐石灰质土壤

（续）

组合	杂交砧木	习性
河岸葡萄×沙地葡萄 (V. riparia×V. rupestris)	Massannes、Schwarzmann、Rip－Rupde、3309C、3306C、101－14、VR039－16	易生根，嫁接亲和性好；生长势偏弱，抗病性好，抗根瘤蚜；耐湿不抗旱；不耐石灰质土壤，喜肥沃的深厚土壤
冬葡萄×沙地葡萄 (V. berlandieri × V. rupestris)	41B、77R、99R、110R、140R、225R、775P、1103P、1447P	易生根，新梢生长势强；抗根瘤蚜；抗旱能力强；耐石灰质土壤，能适应排水良好的山坡、沙地
沙地葡萄×欧洲葡萄 (V. rupestris ×V. vinifera)	1202C、Hybrid Franc	乔化砧，耐湿，其中1202C较耐干旱
欧洲葡萄×冬葡萄 (V. vinifera × V. berlandieri)	41B、33EM、Fereal	抗根瘤蚜；抗旱
欧洲葡萄×圆叶葡萄 (V. vinifera ×V. rotundifolia)	VR039－16	嫁接亲和性好，高产；抗根瘤蚜，抗扇叶病
河岸葡萄×美洲葡萄 (V. riparia×V. labrusca)	Beta	根系发达，扦插易生根，生长势旺；嫁接亲和性好；抗寒性强，耐湿，适应性广，繁殖性好
沙罗尼司葡萄×河岸葡萄 (V. solonis×V. riparia)	1616C	抗根瘤蚜；抗寒、耐湿

③ 我国葡萄生产中常用砧木品种来源与特性见表2－3。

表2－3　我国葡萄生产中常用砧木品种来源与特性

类型	品种	原产地	主要特征
冬葡萄×河岸葡萄 (V. berlandieri× V. riparia)	SO4	德国	生长势旺盛，初期生长极迅速，与河岸葡萄相似，利于坐果和提前成熟；适合潮湿黏土壤、不抗旱，抗石灰性达17%～18%，抗盐能力较强；抗线虫；产条量大，易生根，利于繁殖；嫁接状况良好
	5BB	奥地利	生长势旺盛，产条量大，生根良好，利于繁殖；适合潮湿、黏性土壤，不适极端干旱条件；抗石灰性土壤（达20%）；抗线虫

（续）

类型	品种	原产地	主要特征
冬葡萄×河岸葡萄（V. berlandieri×V. riparia）	420A	法国	抗根瘤蚜，抗石灰性土壤（20%）；喜肥沃土壤，不适应干旱条件；生长势弱，扦插生根率为30%～60%；可提早成熟，常用于嫁接高品质酿酒葡萄或早熟鲜食葡萄
	520A	法国	生长势较旺，易发副梢；扦插易生根，但与一般栽培品种相比发根慢，扦插出苗率70%左右；嫁接亲和性好；多抗性砧木；较抗根瘤蚜，抗线虫病，抗旱性较强，耐湿，耐盐0.5%
	抗砧3号	中国	适应各类气候和土壤类型，在不同产区均表现出良好的栽培适应性；宜采用单壁篱架，头状树形
冬葡萄×沙地葡萄（V. berlandieri×V. rupestris）	110 R	法国	生长势旺盛；抗旱，抗石灰性土壤（17%）；生根率差，常不足20%，极少达到40%～50%；因其抗根瘤蚜、抗旱、抗石灰性土壤等综合性能良好，在1945年之后得到利用和推广，并成为葡萄生产的主要砧木之一；不易生根，但田间嫁接效果良好，室内嫁接效果中等；产枝量相对较小
	1103P	意大利	生长势旺，较抗旱，抗石灰性土壤（17%～18%），对盐有一定抗性，耐湿；生根和嫁接状况良好；产枝量中等
	140R	意大利	生长势极旺势，对石灰性土壤抗性优异，几乎可达20%；根系抗根瘤蚜，但可能在叶片上面携带虫瘿；插条生根较难，田间嫁接效果良好，不宜室内床接
河岸葡萄×美洲葡萄（V. riparia×V. labrusca）	Beta	美国	作为鲜食品种砧木时偶有"小脚"现象，不抗葡萄根瘤蚜和根结线虫；在西北盐碱地土壤种植容易缺铁黄化

（续）

类型	品种	原产地	主要特征
河岸葡萄×沙地葡萄（V. riparia×V. rupestris）	101－14	法国	生长势较 Riparia Gloire 强，但不如 3309C；比 3309C 生长周期短；该品种适于新鲜、黏性的土壤，抗石灰性土壤；同河岸葡萄相似，根系细，分枝多；易生根，易嫁接
	3309C	法国	抗蚜虫，但对某些种的线虫无抗力，不耐旱，也不耐热，但适合于密植应用
欧洲葡萄×沙地葡萄（V. vinifera×V. rupestris）	华佳 8 号	中国	此品种是我国自行培育的第一个葡萄砧木品种；此砧木能明显的增强嫁接品种的生长势，并可促进早期结实、丰产、稳产；可增大果粒，促进着色，有利于浆果品质的提高
欧洲葡萄×华东葡萄（V. vinifera×V. pseudoreticulata）	抗砧 5 号	中国	宜采用单壁篱架、头状树形；叶片自然脱落后进行采收枝条

（2）天工墨玉适宜砧木选择　国家葡萄产业技术体系杭州综合试验站、浙江省农业科学院园艺所葡萄学科利用体系岗位专家王军提供的生产中常用的 5 种砧木：1103P、110R、5BB、SO4、3309M，用于筛选天工墨玉适宜的砧木，对 5 种砧木嫁接的天工墨玉及其自根苗进行物候期和病害情况的调查，测定了萌芽率、结果枝率、枝条生长率、穗砧比、株产量，以及叶片矿质元素、叶绿素、可溶性蛋白、可溶性糖和光合特性，比较了果实品质，包括果实糖酸、营养指数、质地、色泽和果形指数。综合评价筛选出天工墨玉适合的砧木排序为：1103P＞110R＞SO4＞自根苗＞5BB＞3309M。1103P 砧嫁接树没有出现大小脚现象，生长势较好，果实蓝黑色，果实咀嚼口感较佳，果肉中营养成分含量较高，糖酸含量高，适宜在浙北地区作为嫁接砧木使用。

四、脱毒苗繁育

1. 培育脱毒苗的意义

葡萄脱毒苗主要通过田间筛选或者人工培育的方式获得，经病毒检测确定不携带重要病毒，并在苗木繁育过程中有效避免再感染，按照相关标准要求繁育的葡萄苗木称为葡萄脱毒苗。不同历史时期和不同国家对葡萄脱毒苗（或称葡萄无毒苗、认证葡萄苗，certified nursery stock）有不同的要求，20世纪60年代只针对症状，70年代主要针对扇叶和卷叶症状，80年代以来不但规定了症状还规定了具体的病毒种类。我国现行的农业行业标准《葡萄无病毒母本树和苗木》（NY/T 1843—2010）规定了葡萄无病毒母本树和苗木的质量要求、检验规则、检测方法等，同时规定了葡萄无病毒母本树和苗木中不应携带葡萄扇叶病毒（GFLV）、葡萄卷叶相关病毒1（GLRaV-1）、葡萄卷叶相关病毒3（GLRaV-3）、葡萄病毒A（GVA）、葡萄斑点病毒（GFkV）5种葡萄病毒。葡萄及其芽变品种也常感染病毒病（图2-6）。

图2-6 夏黑葡萄及其芽变品种感染病毒病

葡萄脱毒苗木与带毒苗木相比，在生理、产量、品质及葡萄酒质量等方面具有明显优势。对大部分病毒而言，病毒的侵染通常会引起葡萄光合作用效率下降、生长迟缓、树势衰退等问题。一些重要葡萄病毒侵染会对葡萄产量和品质造成极大威胁，例如，GFLV侵染可导致葡萄产量损失28%～77%，浆果重量下降5%～11%；葡萄卷叶病毒侵染的葡萄与健康葡萄相比，产量下降20%～30%，果实糖分可减少9%；感染葡萄卷叶病的葡萄酿造的葡萄酒中酒精、聚合色素以及花青素等均显著降低；一些虽感染GLRaV-3但不表现明显症状的美国和法国葡萄杂种，其果实重量也下降5%，果实汁液滴定酸增加5%～9%。

在一些欧洲国家，栽植葡萄脱毒苗木是强制执行的防护病毒病的唯一有效措施。我国葡萄病毒病研究相对于国外起步较晚，开始于20世纪80年代，且近几年才制定相关的农业行业标准。但随着我国苗木生产企业和种植户对葡萄病毒病危害认识的加深，葡萄脱毒苗木才逐渐受到广泛关注和重视。尤其是这

几年阳光玫瑰葡萄病毒病的普遍暴发，使人们对葡萄病毒病危害的认知有了一次较大的提升。针对葡萄优新品种，在进行大面积推广种植前，进行病毒检测和脱毒是十分必要的。一方面，葡萄无病毒品种种植在田间表现出更好的园艺性状，有利于被市场认可，从而促使其快速大面积推广种植；另一方面，脱毒后的葡萄品种在进行推广种植过程中，由于其本身无病毒感染，因此，不会对整个葡萄产业带来病毒病威胁，从而对葡萄产业稳定健康发展具有促进作用。

2. 葡萄苗主要脱毒技术

目前，葡萄苗主要的脱毒技术有茎尖培养脱毒、热处理脱毒、化学处理脱毒及超低温脱毒等，在实际生产中，单纯使用其中一种方法，往往不能获得较好的脱毒效果。况且针对不同的品种、不同的病毒，脱除病毒的难易程度不同。因此，生产上通常采用多种脱毒方法联用的方式进行脱毒，比如热处理＋茎尖培养、化学处理＋热处理、超低温＋热处理等，其中热处理＋茎尖培养是目前使用普遍、效果较好的方法。

（1）茎尖培养脱毒　病毒在植株体内不同部位分布不均匀，大部分病毒在植株的茎尖和根尖内含量很低或者不存在。因此，茎尖是获得病毒植株的主要材料。茎尖生长点部位不含病毒的部分是极小的，一般不超过 0.1～0.25 毫米。关于茎尖组织不含病毒的原因有很多观点，最近的研究表明，干细胞调节因子 WUSCHEL 可通过抑制植物 S-腺苷-L-蛋氨酸依赖的甲基转移酶的表达来抑制病毒蛋白的合成，从而导致病毒在茎尖分生组织中央和外围区域的积累减少。茎尖培养脱毒的关键是选取茎尖的大小。然而，单纯采用茎尖培养的方式对葡萄进行脱毒效果不好，尤其对于一些能够侵入顶端分生组织的病毒没有脱除效果。

（2）热处理脱毒　由病毒引起的病害症状在较高的温度下会减轻，新生的叶片甚至不表现明显症状，这一现象称为"高温隐症"，是采用热处理脱毒的最初依据。目前热处理已成为果树病毒脱除处理中应用最普遍的方法之一。使用热处理脱除植物病毒时，带毒植株一般在 35～42 ℃的环境下进行 4～6 周的处理。高温处理对象可以是盆栽苗和试管苗，处理方式上可分为恒温处理和变温处理。顾沛雯和张军翔（2002）采用恒温（38 ℃）和变温（38 ℃/32 ℃）处理感染 GLRaV-3 的盆栽葡萄苗，剥取 1.0～1.5 毫米微茎尖在筛选好的培养基上培养，结果表明，恒温比变温茎尖成活率提高 12.4%，二者脱毒率相差不大，都在 93% 以上。张尊平等（2013）用试管苗恒温热处理脱毒技术（37 ℃，30 天）研究了 8 个葡萄品种 5 种葡萄病毒（葡萄斑点病毒、葡萄扇叶病毒、沙地葡萄茎痘相关病毒、葡萄卷叶相关病毒-1、葡萄卷叶相关病毒-2）的试管苗，热处理后取 2 毫米茎尖培养。研究结果表明，62 个茎尖中 29 个茎尖脱除了上述 5 种病毒，不同病毒脱毒率为 61.5%～81.8%。

（3）化学处理脱毒 早期研究者发现一些化学试剂处理对病毒有抑制作用，最初主要将这些化学物质在医学领域用于动物病毒的防治，后来才用于植物病毒脱除。目前从病毒的吸附、渗透、脱衣壳到核酸复制和蛋白质合成的各个环节都有相应的病毒抑制剂。植物病毒的抑制剂包括天然的抗病毒物质及核苷酸类似物，常见的包括黄酮、槲皮素（quercetin）、甘草甜素（Glycyrrhizin）、病毒唑（ribavirin）、噻唑羧胺核苷、6-硫鸟嘌呤、奥司他韦等。其中，病毒唑在果树病毒脱除中应用最广。Hu 等（2020）开展了病毒唑结合热处理脱除 GLRaV-3 的研究，结果表明，单纯采用 15 微克/毫升和 25 微克/毫升的病毒唑处理 40 天都无法脱除 GLRaV-3，而病毒唑处理后再热处理（37 ℃）20 天脱毒率超过 80%。

（4）超低温脱毒 植物茎尖超低温脱毒方法起源于植物超低温保存技术，是近年来建立的一种新的脱毒技术。与茎尖基部的成熟细胞相比，顶端分生组织的细胞病毒含量较低甚至不含病毒，因而通过超低温疗法可以杀死茎尖中带毒的成熟细胞，从而通过无毒的顶端分生组织再生来得到无毒植株。目前，超低温脱毒已广泛用于植物病毒脱除研究。Wang 等（2003）将冷冻脱毒技术在葡萄品种 *V. vinifera* L. 'Bruti' 进行应用，成功脱除了葡萄病毒 A，脱除率达 97%。然而，Bayati 等（2011）采用同样的方法进行病毒的脱除，结果无葡萄病毒 A 的植株只占 42%，分析这种现象产生的原因，可能与茎尖的选取、脱水的方法、葡萄的遗传背景、病毒的株系以及检测方法等多种因素有关。毕文璐（2017）建立了一种茎尖小滴-玻璃化法超低温疗法脱除 GLRaV-3 的技术，利用该技术处理感染 GLRaV-3 的赤霞珠，脱毒率为 100%。

3. 热处理结合茎尖培养脱毒

（1）器材准备 超净工作台、高压灭菌锅、光照培养箱、体视显微镜、pH 计、电磁炉、电冰箱、电子天平、消毒器、弯头镊子（25 厘米）、解剖刀、解剖针、组织培养瓶、封口膜、培养皿、三角瓶等。

（2）盆栽苗热处理 取待脱毒葡萄品种的盆栽苗置于温室中，苗木萌动发芽后，放入光照培养箱中。恒温热处理：在（38±1）℃条件下处理 30～40 天。变温热处理：32 ℃和 38 ℃每隔 8 小时变换 1 次，处理 60 天。每天光照 12 小时以上，光照强度为 5 000～10 000 勒克斯。处理结束后从该盆栽苗上剪取顶芽，进行茎尖培养。

（3）试管苗热处理 试管苗转接后，置于 25～28 ℃培养室中继代培养 10～15 天，转入恒温培养箱中（32 ℃）培养 1 周，然后升温至（38±1）℃，每天光照 12 小时以上，光照强度 1 500～2 000 勒克斯，依据不同葡萄品种特性恒温热处理 30～40 天或变温热处理（温度为 32 ℃和 38 ℃每隔 8 小时变换 1 次）60 天。为防止培养基干燥，热处理期间，可加入少量灭菌的 1/2 MS 培养基。热处理到期后，从试管苗上剥取 0.2～0.3 厘米茎尖进行培养。

（4）茎尖培养

① 培养基准备。分化增殖培养基：1/2MS＋0.1～0.5 毫克/升 GA₃＋0.1～0.5 毫克/升 IBA＋0.5～1.0 毫克/升 BA＋30 克/升蔗糖＋5 克/升琼脂。生根培养基：1/2MS＋0.1～0.3 毫克/升 IBA（或 NAA 0.05～0.2 毫克/升＋1.0～1.5 毫克/升）IAA＋15 克/升蔗糖＋5 克/升琼脂。②茎尖采集及接种。盆栽苗热处理后茎尖分离培养：从热处理到期的葡萄盆栽苗上，采集生长旺盛、长 1～2 厘米的顶梢，去掉叶片，在超净工作台上进行消毒处理。先用 75％酒精浸泡 0.5 分钟，经蒸馏水冲洗后放入 0.1‰升汞中消毒 5～10 分钟，无菌水浸洗 3～5 次，取出后置于无菌培养皿上，在解剖镜下剥取 0.2～0.3 厘米大小的茎尖，接种在分化增殖培养基上。试管苗热处理后茎尖分离培养：从热处理到期的试管苗上取顶梢，在无菌培养皿上剥取 0.2～0.3 厘米大小的茎尖，接种在分化增殖培养基上。③茎尖增殖。将接种的培养瓶置于 25～28 ℃、光照强度 1 000～2 000 勒克斯、每天光照时间 12 小时的组培室中培养。根据生长状况，每 1～2 个月转接 1 次，转接时，先将试管苗基部愈伤组织切除，再切成带 1 个腋芽的茎段，接种在增殖培养基上。由同一个茎尖增殖得到的组培苗为一个芽系，统一编号。继代 5～6 次，同一芽系的试管苗数量达到 5 瓶以上时，进行病毒检测。④生根培养。将带有 1～2 个芽的茎段切下，接种在生根培养基中。一般 7～10 天后生根，10～15 天抽茎，一个月后可长成具有 3～8 条根和 4～5 片叶的小苗。研究表明，诱导生根培养基采用 1/2MS 附加 IBA（0.1～0.3 毫克/升）或 IAA（1.0～1.5 毫克/升），多数品种的生根率达 90％以上，根量在 5 条以上，而且苗基切口处产生的愈伤组织很少，有利于移栽成活（图 2-7）。

盆栽苗热处理脱毒　　　　热处理后茎尖培养、脱毒组培苗扩繁

图 2-7　葡萄热处理结合茎尖培养脱毒

4. 病毒检测

（1）RT-PCR 检测方法　RT-PCR 是检测葡萄病毒最常用的方法，可用于葡萄脱毒各个环节的病毒检测，包括脱毒前筛查、茎尖组培不同芽系的病毒检测、脱毒成苗后的病毒鉴定等。缺点是只能针对已知病毒开展检测。具体步骤包括样品采集、RNA 提取、逆转录、PCR 检测、电泳检测。

样品采集根据不同病毒类型选择其合适的检测部位。冬季以休眠枝条为检测试材，其他生长季节，GLRaV-2、GVA、GVB 等病毒可用韧皮部和老叶柄为试材，GINV、GFLV 和 GFabV 等可以上部嫩叶为试材。叶片样品：取待测葡萄叶片，用灭菌双蒸水冲洗、滤纸擦拭干净。

枝条样品：将待检枝条截取 5～10 厘米，刮取其韧皮部组织，放入样品袋中；组培苗样品：取整株小苗或截取部分茎段（带叶），用灭菌双蒸水冲洗，去掉琼脂培养基。所需器材包括离心机、PCR 仪、移液枪、冰箱、电泳设备、凝胶成像系统等。

RNA 提取、逆转录可使用常规植物 RNA 提取试剂盒和逆转录试剂盒，PCR 反应体系为 25 微升，含 $10 \times Taq$ DNA 聚合酶缓冲液 2.5 微升、10 毫摩尔/升 dNTPs 0.5 微升、10 毫摩尔/升引物各 0.5 微升、5U/毫升 Taq DNA 聚合酶 0.5 微升、模板 cDNA 2.5 微升、灭菌纯水 18 微升。将含上述混合物的 PCR 管放入 PCR 仪中，设定 PCR 反应程序为：94 ℃ 5 分钟；94 ℃ 40 秒，55 ℃（根据每对引物实际解链温度设定）45 秒，72 ℃ 1 分钟，循环 35 次；72 ℃ 7 分钟；4 ℃终止反应。其中，对于 GFLV，需进行第二轮巢式 PCR 检测，检测引物为 FL-MPn1A/1B，方法和程序与上述一致，模板为上轮 PCR 产物稀释 10 倍。引物可参考相关文献及国内农业标准，或采用引物设计软件自行设计。待 PCR 结束后，取 5 微升 PCR 产物加入琼脂糖凝胶点样孔中进行电泳，电泳结束后，在凝胶成像仪中观察是否存在目的条带。

（2）指示植物鉴定方法　由于果树病毒种类较多，脱毒后的苗木不排除仍存在一些潜在的其他病毒，因此，生物学鉴定通常应用在无病毒苗木培育的最后环节，以排除脱毒苗木中是否还存在一些潜在的未知病原。

① 绿枝嫁接。上年培育盆栽指示植物或待检样品的扦插生根苗，翌年 5～6 月，当砧木和接穗均达半木质化时开始嫁接。嫁接时，砧木留 3～4 片叶平剪，抹除夏芽及副梢，从断面中间垂直劈一个 2.5～3.0 厘米长的切口；选择与砧木粗度和成熟度相近的待检样品或指示植物作为接穗，抹除接穗上的夏芽或剪去萌发的副梢，在芽下方 0.5 厘米左右，从芽两侧向下削成长 2.5～3.0 厘米长的平滑斜面，成楔形；削好的接穗马上插入砧木的切口中，使二者形成层对齐，接穗斜面露白 0.5 毫米，用 1.0～1.2 厘米宽的薄塑料条，从砧木接

口下面向上缠绕，只将接芽露出，一直缠到接穗顶端，封严接穗上的所有切口后再回缠打个活结，如果绿枝嫁接时间较早，气温偏低，可套小塑料袋增温、保湿，以提高成活率。

② 嫁接数量与对照。检测时，须设阴性、阳性对照；同一指示植物与同一样品组合（包括阴、阳对照），嫁接 3～5 株。

③ 嫁接后的管理。嫁接后的盆苗置于防虫温室中，温度控制在 20～26 ℃，并及时浇水、除去砧木上萌发的新梢。嫁接成活后，加强肥水管理和病虫害防治。待指示植物长出嫩叶后，于生长季节定期观察，并记载症状表现。由于病毒症状表现受温度、指示植物生长状态和病毒浓度等多种因素的影响，有必要在生长季节进行多次调查，以保证鉴定结果准确可靠。

④ 结果判定。嫁接组合中，只要有 1 株表现典型症状，即判定该样品携带相应的葡萄病毒（表 2-4）。

表 2-4　葡萄病毒指示植物及症状表现

病毒种类	葡萄指示植物	指示植物用途	引起病害
GLRaVs	品丽珠（*Cabernet franc*），赤霞珠（*C. sauvignon*），佳美那（Carmenere），美乐（Merlot），黑比诺（Pinot noir）	接穗	叶片反卷，变红或变黄，叶脉仍绿
GFLV	沙地葡萄（*V. rupestris* du Lot and *V. rupestris* St. George）	接穗	褪绿、畸形
GRSPaV	沙地葡萄（*V. rupestris* du Lot）	砧木	茎痘
GVA	Kober 5BB（*V. Berlandieri*×*V. riparia*）	砧木	茎沟
GVB	LN33	接穗	皱木复合病；栓皮病
GFkV	沙地葡萄（*V. rupestris* du Lot and *V. rupestris* St. George）	接穗	叶脉透明
GINV	贝达（*V. Riparia*×*V. labrusca.*）	接穗	褪绿斑驳及环斑
GPGV	贝达（*V. Riparia*×*V. labrusca.*）	接穗	褪绿斑驳
GFabV	贝达（*V. Riparia* × *V. labrusca.*）或夏黑（Summer Black）	接穗	褪绿斑驳，畸形

注：GLRaVs 指葡萄卷叶病毒；GFLV 指葡萄扇叶病毒；GRSPaV 指沙地葡萄茎痘病毒；GVA 指葡萄病毒 A；GVB 指葡萄病毒 B；GFkV 指葡萄斑点病毒；GINV 指葡萄浆果内坏死病毒；GPGV 指灰比诺葡萄病毒；GFabV 指葡萄蚕豆萎蔫病毒。

5. 葡萄无病毒苗木繁育

（1）无病毒原种获得及保存　春季，经检测不带病毒的芽系，切取带1个芽的茎段，接种到生根培养基上，在组培室培养1个月后，将培养瓶置于智能温室或日光温室中，闭瓶炼苗1～2周。移栽前开瓶，在瓶中加少量水使培养基软化。移栽时，从瓶中取出幼苗，将试管苗根部附着的培养基洗干净，栽入装有基质（蛭石∶草炭＝1∶1）的塑料营养钵中（图2-8）。试管苗移栽后，加盖塑料薄膜和遮阳网保湿、遮阳，保持空气相对湿度在80％以上，温度控制在20～28℃。无病毒原种保存圃应建立无病毒原种档案，记录每株无病毒原种的品种、编号、来源、获得时间、病毒检测等信息。每年春季和秋季各进行一次树体生长状况观察，淘汰、销毁有病毒病症状或与品种描述不符的植株。每5年至少全部复检1次，带病毒的植株立即淘汰、销毁。

图2-8　葡萄脱毒组培苗移栽

（2）无病毒母本园建立与管理　一级无病毒母本树应从无病毒原种（图2-9）上采集插条、接穗，通过扦插或嫁接到同级无病毒砧木上繁殖获得。二级无病毒母本树应从一级无病毒母本树上采集插条、接穗，通过扦插或嫁接到同级（或上级）无病毒砧木上繁殖获得。无病毒母本园应建在10年以上未栽植葡萄的地块，距离普通葡萄园30米以上，或用防虫网隔离。株行距及栽植管理与当地葡萄生产园基本相同。无病毒母本园应建立档案，记录无病毒母本树品种、来源、数量、栽植时间、淘汰、增补、病毒检测

图2-9　葡萄无病毒原种保存

等信息，并绘制栽植图。每年的春季和秋季各进行一次无病毒母本树生长状况的观察，有病毒病症状的植株，应立即挖除、销毁；无病毒母本树至少每10年全部复检1次。带病毒植株应立即挖除并销毁，带毒株率超过所检样品的5%，则取消母本园资格。

（3）葡萄无病毒苗木繁育

① 硬枝扦插。从无病毒母本树上采集健康的一年生休眠枝条作为插条。将插条6～8节截为一段，50～100根为1捆，标明品种及采集地点，放置在温度1～3℃、相对湿度95%以上的冷藏库或果菜窖中储藏。春季取出插条，按2～3芽长度剪截，上端离芽眼1.5厘米处平剪，下端离芽眼1～2厘米处斜剪成马蹄形，将下端在催根剂中速蘸后取出，放置在25±2℃的电热温床或火炕上，使用锯木屑、沙土、蛭石等机制催根，产生愈伤组织后移至苗圃进行扦插。按行距打垄，垄上覆地膜。当地温上升到15℃以上时，按株距在地膜上扎孔，将催好根的插条斜插入孔中，顶芽露在地膜外，灌透水。新梢抽出5～10厘米时，选留1个粗壮枝，其余抹除。新梢生长到30厘米左右，立杆拉绳引绑新梢，副梢留1片叶摘心，并加强肥水管理和病虫害防控。

② 绿枝嫁接。从无病毒砧木母本树上剪取插条，上述扦插方式培育砧木苗。嫁接前砧木苗摘心，并去除腋芽和副梢，在基部留2～3个叶片，其上留2～3厘米剪断。从葡萄无病毒品种母本树上采集生长健壮、无病虫害的半木质化带芽新梢作为绿枝嫁接接穗（图2-10）。将准备好的接穗采用劈接法嫁接到砧木上。砧木和接穗形成层尽量对齐，粗度不一致时，应使形成层一侧对齐，接穗斜面刀口上部露出1～2毫米，以利于愈合。然后用1厘米宽的塑料薄膜缠绕，只露出接芽。嫁接后及时、多次除掉砧木上的萌蘖。当接芽抽出20～30厘米新梢时，选留1条粗壮枝，引绑在竹竿或铁丝上。嫁接苗生长过程中及时灌水、施肥和摘心。

图2-10 无病毒砧木母本园

③ 组培快繁。从无病毒原种或母本树上选择生长旺盛的嫩梢，去掉大叶，剪成 3～5 厘米长的带芽茎段，用于分离培养。将茎段放入 75% 酒精中浸泡 0.5 分钟，用 0.1% 升汞消毒 5～8 分钟，置于灭菌水中浸洗 3～4 次，切取 0.5～1.0 厘米长的带芽茎段或顶芽，接种到分化增殖培养基上。接种瓶苗置于温度 20～25 ℃，光强 1 500～2 000 勒克斯，每天光照 10～12 小时的条件下培养。外植体接种后，1 个月左右转接 1 次，待其伸长形成丛生苗，开始继代繁殖。扩繁时，将试管苗基部愈伤组织切除，再切割成带 1 个腋芽的茎段，接种在增殖培养基上培养。将带有 1～2 个芽的茎段切下，接种在生根培养基上培养。移栽前将培养瓶置于温室或大棚中培养 1～2 周。移栽时，将组培苗根部附着的培养基清洗干净，栽入装有蛭石、河沙、泥炭、腐殖土等基质的苗床、营养钵或穴盘中，注意保温、保湿、遮阳。选择疏松肥沃、排灌水方便、光照良好的地块作为苗圃地。定植前，应将成活的试管苗放到室外培养 1～2 周。试管苗带土团移栽，栽后浇透水。每年春季和秋季观察 1 次无病毒苗木生长状况，发现病株，立即挖除并销毁。出圃前可由具有资质的葡萄病毒检测机构进行抽检，抽样量以 1 万株抽检 10 株为基数（不足 1 万株以 1 万株计），10万株内（含 10 万株）每增加 1 万株，增检 5 株；超过 10 万株，每增加 1 万株，增检 2 株。如果抽检的苗木带毒率超过 10%，则不能作为无病毒苗木销售。

五、苗木假植、储存与栽前修理

苗木出售前或购入后，先用敌敌畏和甲基硫菌灵等杀虫防病剂 800～1 000 倍液浸 15 分钟，杀灭根瘤蚜、蚧类等。南方可园地假植或室内沙藏，北方窖藏。

1. 园地假植

选择空间较大的园地，开斜沟将根部埋入土中浇好水即可。10 株一捆可靠近埋土，如果嫁接是 20 株一捆的嫁接苗，接穗绑扎物保留，接口下砧木及根系部位解除绑扎物让其分开，使其与土充分接触。泥土保持潮湿，不能干燥，否则会发白色霉菌；最低气温 -5 ℃以上不必罩覆盖物，-5 ℃以下可临时罩覆盖物。

2. 室内沙藏

（1）沙藏地选择 北边较阴凉的地方，不要选择南面较暖的地方（图 2-11）。

（2）铺沙和浇水 地上铺 5～10 厘米沙或石粉，将 10 株一捆的苗摆放在沙或石粉上，将沙或石粉盖好根部，浇透水即可。

（3）经常检查 保持沙或石粉湿润。沙或石粉不能干燥，否则根会产生白

霉菌；也不能太湿，否则根易发黑。

图2-11 苗木假植（左）和苗木室内沙藏（右）

（4）苗木整修 剪除过长的根和梢，有效芽留3～4个（图2-12）。

图2-12 苗木整修

六、高接换种

高接换种是指利用原有植株作为砧木，就地嫁接新品种，用工少，收效快。改接后，当年成形，第二年即达初盛果期。这可以有效解决老株挖除栽新苗易出现的重茬障碍问题。在全国确保粮食安全的形势下，葡萄面积压缩，高接换种是优化品种结构的最佳途径之一。

1.高接前准备

（1）对砧木的准备 在冬季修剪时，如采用双十字V形架，将老树在离地面约20厘米处锯断。对一字形或H形架或水平星形植株的高接换种，可将老树主干离地面100～150厘米处锯断（架面钢丝下30厘米处锯断），以待来春发芽抽梢后嫁接。

（2）接穗的准备　硬枝接绿枝砧的，应在冬季修剪时选取接穗，并沙藏越冬，开春（3月上旬）取出接穗，包塑膜内冷藏于3～5 ℃的冰箱或冷库内，防止芽眼萌发。绿枝接绿枝砧，在嫁接时期采集。

（3）工具的准备　嫁接刀和修枝剪，要磨锋利；绑缚材料带和塑膜袋都要事先准备齐全。

2. 高接时间与方法

（1）嫁接时期　在浙江等同类生态区，根据栽培模式的不同硬枝接绿枝砧的时间不同，双天膜促早栽培在3月上中旬至5月嫁接，单膜促早栽培在4月中下旬至5月嫁接，避雨栽培一般在5～6月进行高接。绿枝接绿枝砧的，在4月中旬至6月中旬均可进行。

（2）嫁接方法　采用劈接法。

方法一：靠近主干选择2～4个新梢，位置低于第一道钢丝30厘米左右。嫁接后抽生枝绑缚时不易断。嫁接后萌发的枝叶确保能照射到阳光。等被高接的葡萄树果实采收后，未接的枝全部剪除。

方法二：密植园在冬季修剪时，一株放宽结果母枝布满占2株株距，改接的树留2个结果母枝2芽短梢修剪，待来年抽生4个新梢再接。

方法三：如果中间砧（原品种）不适合高接，可剪至嫁接口以下砧木位置，砧木抽生后按小苗方式进行培育，离第一道钢丝不足30厘米处摘心，待2个顶副梢长至7～8叶摘心，一周后留基部3叶处嫁接新品种因根系发达，所以生长快。国家葡萄产业技术体系杭州综合试验站在杨渡核心区试验，接穗与中间砧为同一类型的成活率高。天工墨玉、阳光玫瑰、妮娜皇后等品种适合旺的砧木，原种植的是扦插巨峰、红富士等品种的不适合高接，如阳光玫瑰葡萄高接在这两个品种上，容易出现僵果和果锈。长兴李火良示范基地阳光玫瑰葡萄高接在贝达砧的红地球上，果粒较小，脆度稍差。

3. 高接后管理

（1）整形修剪　嫁接7～10天后，当接穗的芽膨大萌发时，抹除嫩梢上所有侧副梢有利于成活。新梢长至20～30厘米时要引缚在原有支架上。生长到40～50厘米时要剥除嫁接时包扎的塑膜袋和带，防止绞缢而死。并根据整形要求，进行摘心、引缚等工作。如一字形整形的，接芽抽生长至1米时摘心，让其充实，待半木质化时用作的主蔓沿第一道钢丝方向绑缚，冬季短梢修剪的品种副梢长至4叶时留3叶摘心，顶副梢连续3叶摘心2～3次后封顶；冬季中长梢修剪的品种副梢长至6叶时留5叶摘心，顶副梢4叶、3叶摘心后封顶。副梢上的侧副梢全抹除。

（2）病虫害防治　嫁接前一周防治灰霉病、红蜘蛛。嫁接后 3 天内不能打任何农药，接芽展叶后防治绿盲蝽、金龟子等，新梢 10 厘米长时再防绿盲蝽和灰霉病。5 叶时防病毒病。其他参考小苗的病虫害防治。

（3）水分管理　一般嫁接 24 小时后再灌水的有利于成活。

4. 应用效果

温岭叶海波先生采用绿枝接绿枝砧，2019 年 4 月在夏黑砧上高位嫁接天工墨玉葡萄，当年遭遇"利奇马"台风登陆，葡萄叶全吹破的情况下，2020年亩产量达 1 552.5 千克（图 2 - 13）。缙云项帅先生采用硬枝接绿枝砧 4 月上旬在夏黑砧上高接阳光玫瑰葡萄，翌年亩产达 1 000 千克。

留2枝高接　　　　　萌芽后抹除侧副梢　　　　　高接枝条成熟

去除嫁接位绑扎物　　　高接当年新梢7片叶　　　　第二年结果状

图 2 - 13　贝达砧或夏黑砧高接天工墨玉葡萄效果

第三章　天工墨玉葡萄园的建立

一、园地选择

天工墨玉葡萄适应性较广，但也需要考虑温度、降水量、光照、土壤以及风、霜、冻等各种环境条件因素，环境条件对葡萄的生长发育和果实品质有着重要影响。因此，建园时要考虑到当地的生态条件是否适宜，选择生态环境良好的生产区域建园，远离污染源，污染物限量应控制在允许的范围，建园前对产地的空气、土壤、水源质量进行抽样检测。绿色食品的生产，产地环境应符合 NY/T 391—2021 的要求（表 3-1、表 3-2、表 3-3）。

表 3-1　环境空气质量要求

项目	日平均	1小时平均
总悬浮颗粒物（标准状态）（毫克/米³）	≤0.30	—
二氧化硫（标准状态）（毫克/米³）	≤0.15	≤0.50
二氧化氮（标准状态）（毫克/米³）	≤0.08	≤0.24
氟化物（标准状态）（微克/米³）	≤7	≤20

注：日平均指任何一日的平均浓度；1小时平均指任何一小时的平均浓度。

表 3-2　灌溉水质量要求

项目	浓度限值
pH	5.5～8.5
总汞（毫克/升）	≤0.001
总镉（毫克/升）	≤0.005
总砷（毫克/升）	≤0.05
总铅（毫克/升）	≤0.1
六价铬（毫克/升）	≤0.1
氟化物（毫克/升）	≤2.0
化学需氧量（COD_{Cr}）（毫克/升）	≤60
石油类（毫克/升）	≤1.0

表 3-3　土壤质量要求

项目	pH<6.5	pH 6.5~7.5	pH>7.5
总镉（毫克/千克）	≤0.30	≤0.30	≤0.40
总汞（毫克/千克）	≤0.25	≤0.30	≤0.35
总砷（毫克/千克）	≤25	≤20	≤20
总铅（毫克/千克）	≤50	≤50	≤50
总铬（毫克/千克）	≤120	≤120	≤120
总铜（毫克/千克）	≤100	≤120	≤120

葡萄是喜光植物，对光反应敏感，葡萄园应建在地形开阔、阳光充足、通风良好的地段，在充足的光照条件下，植株生长健壮，叶色绿，叶片厚，光合效能高，花芽分化好，枝蔓中有机养分积累多；葡萄适应性较强，但是不同的土壤条件对葡萄的生长和结果影响不一，要求葡萄园土层深厚疏松，一般土壤耕作层厚度在 40 厘米以上，肥力较好，有机质含量 1% 以上，土壤 pH 6.5~7.0，盐含量小于 0.14%；葡萄早春萌芽、新梢生长、幼果膨大期要求有充足的水分供应，选择地块需便于排灌。

二、园地规划

1. 区块设置

为了管理方便，大规模葡萄园应划分为若干种植区。南方葡萄园种植区的大小一般以 20~30 亩为宜，连栋棚长小于 50 米，单棚宽 5.5~8 米。

2. 道路设置

本着节约土地又利于栽培管理和交通运输的原则，做到主干道与操作道配套，主干道应贯通整个葡萄园，宽 4~8 米，每隔 100 米配置一条与主干道相垂直的操作道，宽 2 米即可。棚内两头留有 2 米地面空间，方便机械调头操作。

3. 栽植前的大田准备

栽植行一般以南北向为宜，按照栽植行距，起垄，开好栽植沟，做到沟深 30~50 厘米、沟宽 60~80 厘米，配备滴灌管道设施，在建园之初就要修建好排水系统，畦沟、腰沟、围沟配套，尤其对地下水位高的平坦地，堆土筑畦或墩（高 40 厘米，宽 1.6~2 米），使园内积水能及时排出（图 3-1）。

图 3-1 栽植前大田筑墩＋限根器（浙江仙居）

三、设施与架式

1. 栽培设施

环境条件、栽培品种等的众多要求大大限制葡萄露地栽培及葡萄产业的发展，随着机械化水平的迅猛发展，设施栽培逐步推广并大范围应用，改变了葡萄的生活环境，使葡萄不再受地形、环境、季节、土壤等限制，成为全国范围内的适栽物种。随着栽培技术以及设施水平的提高，我国已从传统的露地栽培模式发展为设施促成栽培、设施延迟栽培、避雨栽培、一年两收、休闲观光高效栽培等多种模式，设施栽培呈现出极强的地域性。

目前在天工墨玉葡萄上应用最广的 2 种设施栽培模式为：连栋大棚（台州等沿海地区）和简易连栋小环棚（嘉兴等地）。

（1）连栋大棚

① 棚体结构。棚宽 5.5～8 米，种 2 行葡萄；顶高 3.5～4 米，肩高 1.8～2.2 米；长度按田块自然长度定，一般不宜超过 50 米。连棚数以 5～10 连棚为宜（图 3-2）。目前采用的主要有镀锌钢管棚和毛竹棚（图 3-3）。②棚膜。0.06 米（6 丝）多功能抗老化膜，顶膜用新膜，围膜可用旧膜。

（2）简易连栋小环棚

① 棚体结构：一行一个棚，在两棚中间加一行窄的塑膜，棚四周围上围膜将棚全封闭为一个连体大棚。顶高 2.3～2.5 米，棚宽 2.5～3 米（图 3-3、图 3-4）。②棚膜：一年一换，选择 0.03 毫米（3 丝）抗老化膜，25 千克重，膜宽 2.2～2.5 米，长 300～330 米。围膜可用旧膜。

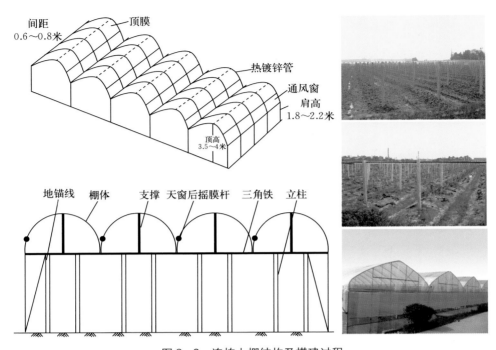

图3-2 连栋大棚结构及搭建过程

2. 栽培架式

《农桑辑要》一书中记载："蒲萄：蔓延，性缘不能自举，作架以承之"。

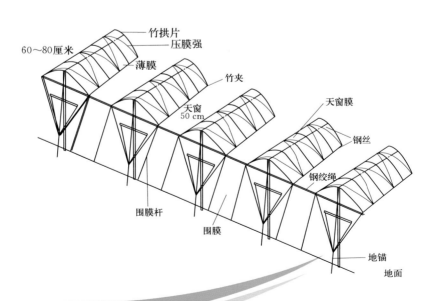

图3-3 小环棚结构图及搭建

（搭建过程：小环棚盖膜前先放在天窗上，小环棚拉压膜带，用竹夹夹住薄膜）

图3-4 天工墨玉小环棚双天膜的效果

葡萄属于藤本攀缘植物，枝条生长迅速，必须要依附支架，保持其树形，以更好地满足生长对光与气等的需求，因此，葡萄种植的精髓是整枝系统。树形之于树体，不只是外形的表征，也是生长状态的直观反应，架式的选择在一定程度上影响着树体的营养分配以及果实的质量和产量。葡萄常用的栽培架式有篱架、篱棚架和棚架（图3-5）。如何根据自然条件、栽培水平、栽培目的、成本和管理选择合适的栽培模式维持营养生长与生殖生长的平衡至关重要。

目前，在天工墨玉葡萄上应用最广的3种葡萄架式为：单十字飞鸟形架、双十字V形架、水平棚H形架。

（1）单十字飞鸟形架 浙江省农业科学院园艺研究所吴江研究员研制，结构由立柱、1根横梁和6条拉丝组成（图3-6）。①立柱：柱距4米，大棚或露地栽培的，柱长2.4~2.5米，埋入土中50~60厘米（若搭避雨棚，柱高再增加0.4米），柱粗8厘米×（8~10）厘米，纵横距离一致，柱顶成一平面，两头边柱须向外倾斜30°左右，并牵引锚石。②横梁：长度为130~150厘米（行距2.5~3米），架于离第一道钢丝处高20~30厘米，横梁两头及高低必须

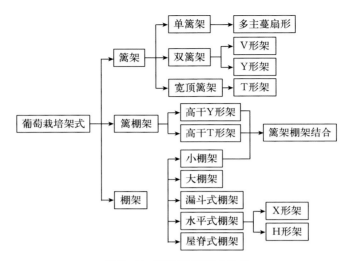

图 3-5　葡萄栽培架式分类

一致。③拉丝：第一道拉丝位于立柱 130～140 厘米处（根据疏花疏果人员的身高确定）；在横梁上离柱 30 厘米和 60～70 厘米处各拉 1 条拉丝，架面共 4 条拉丝。④行叶幕间：保持 50 厘米左右的通风透光道。

图 3-6　单十字飞鸟形架

（2）双十字 V 形架　浙江海盐县农业科学研究所杨治元研制，结构由立柱、2 根横梁和 6 条拉丝组成（图 3-7、图 3-8）。①立柱：柱距 4 米左右，大棚或露地栽培的，柱长 2.5 米，埋入土中 60 厘米，纵横距一致，柱顶成一平面。两头边柱须向外倾斜 30°左右，并牵引锚石。②横梁：每根柱架 2 根横梁。下横梁 60 厘米，架在离地面 110 厘米处；上横梁 80～100 厘米，架在离地面 150 厘米处。两道横梁两头高低一致。③拉丝：离地面 85 厘米处，柱两边拉 1 条或者 2 条拉丝，两道横梁离边 5 厘米处各拉 1 条拉丝。

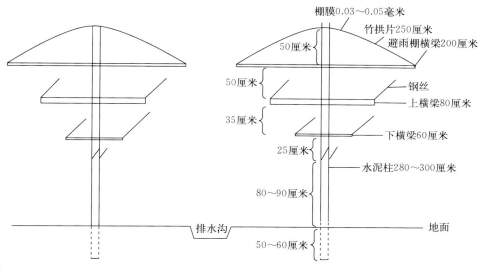

图 3-7　双十字 V 形架结构

图 3-8　双十字 V 形架

（3）水平棚 H 形架（双飞鸟叶幕）　棚行用大棚立柱或水泥柱（粗为 10 厘米×10 厘米）间距 3 米。柱长度 2.8～3 米，埋入土中 0.5 米，离畦面 1.8 米处用两道钢丝束把纵横向的立柱牢固地连在一起。在水泥柱高 1.8 米处形成一个生长架平面，平面每隔 30 厘米左右拉纵横两道钢丝，组成葡萄生长架面，葡萄架面离棚顶高为 1.8 米。H 形结构为 1 主干、2 主蔓与 4 侧主蔓支蔓组成（图 3-9）。双飞鸟叶幕是因平棚架果穗着生位置过高影响果穗管理而发明的，把用于固定支蔓的钢丝在低于平棚 20～30 厘米处拉好，绑好支蔓（图 3-10）。

第二年抽生的新梢45°角绑缚，降低花序位置，方便整花序、无核化处理、疏果等管理，还减少绑枝时断梢。

图3-9 水平棚H形架

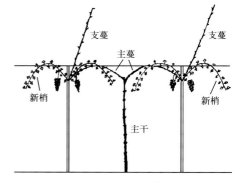

图3-10 双飞鸟叶幕示意图

第四章 天工墨玉葡萄的树体管理

一、幼树管理

1. 苗木栽植

（1）苗木假植 苗木购买后如不能直接种植，应先进行假植，在室内潮湿的沙，或者田间疏松潮土开沟，分开根部使其充分接触沙或者泥，及时补充水分，不能过干（失水或长白霉）或过湿（烂根）影响成活。

（2）定植准备 一般定植沟深30~50厘米，定植沟宽60~80厘米，根据地下水位而定。地下水位高或易积水的全园翻耕后堆土30~40厘米高，长宽各100~200厘米。定植土采用50%~60%表层松土与40%完全腐熟有机肥混匀（有条件的加10%使土壤透气的基质）。栽后苗两边畦面用黑色地膜覆盖，具有增温、灭草、保水、提高成活率作用。

（3）栽植密度 东西向棚：株距2.0~2.5米，棚宽4~8米，棚中间种一行，南北向一字形整形；南北向棚：株距2米（土质黏重）、3~4米（土质好），行距2.5~3.0米（棚宽5~6米）（棚内种2行，一字形整形，飞鸟形叶幕）；南北向棚（老园改造）：株距2~3米，行距4.8~6米（棚中间种一行，H形整形，双飞鸟形叶幕）。

（4）苗木处理 剪去破损和发霉的根，留根长10厘米左右。扦插苗留2~3芽，嫁接苗留接口以上2~4个芽。为防病虫害苗木全株浸于800~1 000倍辛硫磷或敌敌畏＋800倍甲基托布津的药液中15分钟。按生根粉说明书浸或蘸苗根部进行促根处理。

（5）小苗管理

① 一字形培养。选留1根新梢作主干，新梢5叶或出现卷须时方可施肥。待新梢长第一道钢丝下10厘米时摘心，一字形整形留2个顶副梢培养成为主蔓，其余侧副梢去除，主蔓上副梢（3-3-3叶摘心）作结果母枝培养。H形整形留2个顶副梢作主蔓，主蔓长至1~1.25米时再摘心，主干与主蔓上其余侧副梢去除，其上各留顶副梢2个作支蔓，支蔓上副梢按3-3-3叶摘心作结果母枝培养（图4-1）。②H形培养。留3芽定植，萌芽后留2个新梢，待新梢长至5叶时留1个壮梢，立杆绑缚，保持直立生长，及时抹去侧副梢，新梢

长至第一道钢丝下20厘米处摘心，其顶上2个副梢（作支蔓90～120厘米长）向左右两侧绑缚，长至100厘米左右时摘心，2条支蔓再留顶副梢2个（作龙蔓4～8米长），左右反方向绑缚，欧美种10-4-4摘心（图4-2）。

图4-1 天工墨玉葡萄第一年树体培养（一字形）

图4-2 H形树体培养

（第一年完成1～4，第二年完成5～7）

2. 病虫害防治

绒球期喷洒3波美度石硫合剂，苗期（露天）主要防治黑痘病、灰霉病、霜霉病、绿盲蝽、金龟子、透翅蛾、红蜘蛛、叶蝉、天蛾等。

二、设施管理

1. 盖膜、揭膜

单天膜促成于1月上旬至2月中旬盖膜（最早覆膜期为当地露地葡萄萌芽

前 50 天左右），5 月中旬揭除围膜、揭高顶膜转为避雨栽培。葡萄采收后揭除顶膜，分批揭膜延长采果期。

双天膜覆盖的则在当地露地葡萄萌芽前 70 天左右，在盖外天膜后的 7～15 天盖 0.03 毫米厚的内天膜。浙江台州温岭双天膜覆盖在 12 月 10 日左右封膜，4 月中下旬至 5 月上旬可上市。嘉兴嘉善三天膜覆盖促早栽培的提早到 12 月 15 日盖膜，5 月上旬可上市（图 4-3）。三膜覆盖设施促早栽培技术参照浙江省行业标准 DB33/T 2468—2022。

图 4-3　盖膜促成（棚外-10 ℃）（右图为第 2 层膜内加白色毡毯）

2. 温湿度调节

天工墨玉葡萄生长过程中的温湿度调控见表 4-1。

表 4-1　天工墨玉葡萄生长温湿度调控

时间	棚内温湿度	备注
封膜至萌芽前	盖膜 1 周，20 ℃以下，盖膜 2 周，32 ℃以下，绒球期 28～30 ℃，湿度 80%～90%	通过开天窗或揭高西边内天膜调温，清晨棚内保持浓雾，畦土保持湿润
萌芽后至揭内天膜前	展叶期 28～30 ℃，先开天窗降温，32 ℃以上揭内膜或揭高四周围膜。湿度 60%～70%	齐芽后立即全园铺地膜降湿，减缓枝蔓徒长，预防灰霉病发生
揭内天膜至开花前	温度 30 ℃以内，湿度 60%	晴、多云天气要揭膜调温
开花至揭四周围膜	30～32 ℃，湿度 60%	花后，供水一次，畦土保持湿润。即使在低温阴雨天，也要开棚门一段时间，注意温度的监测，防止烂花与病害
坐果至硬核期	30～35 ℃，湿度 70%	膨大剂处理时滴灌滴水
第二膨果期	35 ℃以内，湿度 60%～70%	前期适当供水促果粒膨大，开始着色控水，在 20%着色时铺反光膜（沟内铺膜），减轻烂果、裂果

三、枝蔓管理

1. 解除休眠

双天膜先封棚再涂破眠剂，萌芽前 20～30 天用 5～7 倍石灰氮浸出液或荣芽（翠芽）30～50 倍，涂结果母枝芽，短梢修剪全喷，中长梢剪口 2 个芽不涂。

2. 抹芽、定梢

萌芽后抹除双芽中副芽，新梢长至 5～6 叶时定梢、缚梢。梢距 20 厘米，亩定梢 2 600 条左右。

3. 摘心

结果枝花序上能分辨出 2 叶时留 1 叶摘心（自然拉长花序）；整园开 1 朵信使花时第二次摘心。齐天窗或主梢 15 叶时统一剪梢或打梢头，营养枝 10 叶时摘心（图 4 - 4）。

留1叶摘心时梢的状态　　　　　　留1叶摘心后　　　　　花上留1叶摘心拉长的花序

图 4 - 4　葡萄摘心管理

4. 副梢处理

侧生副梢在花序节位及以下的全部留 1 片叶绝后摘心或抹除，花序以上只留顶副梢，其余侧副梢尽早抹除。营养枝侧副梢去除，顶副梢留 4 片叶反复摘心。

四、花序管理

1. 拉花

天工墨玉葡萄属于三倍体无核品种，自然坐果一般，需要用植物生长调节剂进行保果，但疏果较费工。若将花序拉长，保果后果穗果粒比较稀疏，拉长后的花序根据需要剪短，要生产大串型果穗花序可留长一点，中小串型果穗的花序可留短一点。拉花后的疏果用工每亩可减至 2～3 个，可见拉花对于天工墨玉葡萄的生产至关重要。生产上常用的拉花方式主要有两种：摘心拉花和药剂拉花。

（1）摘心拉花 由于结果枝新梢在开花前生长迅速，消耗营养过度，影响花芽的进一步分化和花蕾的生长。而摘心就是将正在生长的新梢的梢尖连同数片幼叶一起摘除。葡萄通过摘心处理，能合理调节植株体内营养物质的分配和运输，协调营养生长和生殖生长的矛盾，使养分集中供给花序生长和伸长的需要。对于新梢生长不整齐的天工墨玉葡萄可通过摘心来拉长花序，在结果枝长至花序以上 2 叶时留 1 叶摘心，自然拉长花序，促进基部花芽发育，园内开 1 朵信使花时顶副梢再次摘心，以后留 4 叶反复摘心。及时摘除卷须。

（2）药剂拉花 赤霉酸（图 4 - 5）能拉长花序，原理是赤霉酸能够促进穗轴细胞中淀粉、果聚糖和蔗糖水解成为葡萄糖和果糖，通过呼吸作用提供生长所需的能量，同时提高细胞壁的可塑性，降低细胞的水势，使得细胞迅速吸水引起细胞的伸长生长，进而使穗轴伸长。赤霉酸配制方案见表 4 - 2。

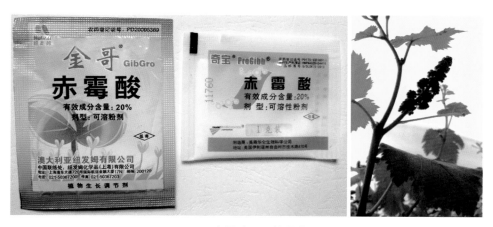

图 4 - 5 赤霉酸及可拉花的新梢

表 4 - 2 赤霉酸配制加水量（千克）

使用浓度 （毫克/千克）	80%结晶粉	75%结晶粉	40%结晶粉	20%可溶 粉剂	4%可溶 液剂	备注
50	16	15	8	4	0.8	保果、膨大
25	32	30	16	8	1.6	无核、保果、膨大

天工墨玉葡萄

（续）

使用浓度 （毫克/千克）	80%结晶粉	75%结晶粉	40%结晶粉	20%可溶 粉剂	4%可溶 液剂	备注
12.5	64	60	32	16	3.2	无核、拉花
10	80	75	40	20	4	拉花
5	160	150	80	40	8	拉花

注意：1. 结晶粉先要用酒精或高度烧酒溶化后再加水；2. 若皮薄，最好用进口的奇宝或金哥；3. 自己配药应先试验再大面积用，根据树势、气温微调；4. 用时加入防灰霉病药。

对于管理水平高、新梢生长一致的天工墨玉葡萄可采用赤霉酸拉长花序，在生产上有 3 个时期，3 种浓度。①开花前 15～20 天使用，浓度为 5 毫克/升（有效成分 20% 的 1 克赤霉酸加 40 千克水）。其使用时期和浓度在生产上应用较多（注：开花前 15 天左右多数新梢在 7～8 叶期）。②开花前 6～7 天使用，浓度为 20 毫克/升（有效成分 20% 的 1 克赤霉酸加 10 千克水）（注：开花前 6～7 天多数新梢在 10 叶期）。③开始开花使用，浓度为 50 毫克/升（有效成分 20% 的 1 克赤霉酸加 4 千克水）。此时期拉花不是很适合，赤霉酸浓度太高，处理之后果梗容易变硬，而且使用赤霉酸的成本增加。

目前常用的赤霉酸产品是美国产的奇宝，根据使用期确定使用浓度并根据气温、新梢木质化程度适当微调。注意使用期不能太早，使用浓度不宜再高，否则花序不仅拉得很长，还容易导致花序扭曲。处理方法一般采用去掉瓶口的矿泉水瓶或者饮料瓶，盛满浓度适宜的赤霉酸溶液，一只手拿瓶，另一只手将花序轻轻压至赤霉酸溶液中，花序全部浸到即可拿出。若一个枝条上有 2 个花序，选择比较健壮的花序处理，另外一个去掉。生产上为了省工，也会采取喷雾的方法进行处理，即将配好的赤霉酸溶液装入喷壶中，对花序进行喷雾拉花。采用这种方法一定要注意将花序每个部位都喷施到处理液。

2. 整花序

果穗近圆柱形有利于运输和销售，因此，在葡萄开花前将花序整形，称为整花序。整花序不仅有利于精品果的生产，还能减少疏果用工，若不整花序，成熟时大多数果穗呈圆锥形，运输过程中穗肩处易落粒，影响商品性。天工墨玉葡萄在开花前 2 天至见花第 3 天。过早整花序整不到位，过晚则已开好的花整不好，容易碰掉。批发用果具体方法是用剪刀剪掉（或用手掐除）上部 3～4 个较长的分枝，留 1 厘米左右长的花蕾，长度不整，即整边不整长，使花序呈近圆柱形。精品果留穗尖 5～7 厘米。天工墨玉葡萄整花序分枝量比其他欧美种少，1 小时可以整 250 个左右的花序，1 亩按 2 200～2 500 个花序计，10 小时以内可以整好 1 亩（图 4-6）。

图 4-6　葡萄整花序前后

3. 疏花蕾

在开花前 2 天至见花第 3 天，花序上疏除朝上朝下的花蕾（图 4-7）。疏花蕾成本较疏果成本低 800 元/亩，且伤口小无果柄，减少枝干溃疡病发生。

图 4-7　疏花蕾

4. 保果和无核化处理

天工墨玉葡萄是三倍体，自然坐果果粒偏小，虽品质很好但商品性不够好，批发果必须用生长调节剂保果和膨大处理（图 4-8）。保果常用药剂有噻

苯隆和氯吡脲（图4-9、表4-3）。

图4-8　无核化、保果处理及精品果标准

图4-9　保果处理常用药剂

表4-3　每10毫升0.1％氯吡脲、噻苯隆配制换算表

浓度（毫克/千克）	1	2	2.5	3	4	5
兑水量（千克）	10	5	4	3.35	2.5	2

　　一块葡萄园开始开花第2天算见花期，见花后10天左右为保果适宜期。过早保增加疏果工作量，过迟保不住果，果粒太稀造成运输时易落粒。经过大量试验，总结出了生产优质安全天工墨玉葡萄的保果方法。一般分两批保，第一批保果时间为花序80％开花至花后3天占全园70％时，做好标记，第二批处理时间离第一批处理时间不超过5天。如果气候条件差，花期特别长，增加处理批数。

　　生产8克左右果粒大小配方：在盛花期末用赤霉酸＋噻苯隆或氯吡脲＋防

灰霉药剂，即8千克水加1克奇宝、6～10毫升噻苯隆或10～15毫升氯吡脲。生产10克左右果粒大小配方：国光夏黑套餐①，使用按照说明。处理方法，可采用喷雾器全穗喷到，或者用容器盛好处理液，将果穗全部浸入，不能让果德弯曲。实践证明，浸比喷的效果好。浸完后，可轻弹果穗，抖掉多余的药剂。

五、果穗管理

1. 留果穗量

在坐果后，即见花后15～18天开始定穗。按计划定产，确定穗量。定产1 500千克，每个枝条留1串葡萄（500～750克/串），亩留穗2 000～3 000串；定产1 250千克，10根枝条留8串果穗，亩留穗2 000串；定产1 000千克，10根枝条留6串果穗，亩留穗1 500串。选留好的果穗，剪掉穗形较差的或者太小的果穗。按照定穗量和亩栽株数，可求得每株的留穗数。

2. 定穗轴长

穗重定为500～750克，在开始开花后20天左右进行，只留坐果均匀的一段16厘米穗轴长，单层果留18厘米长，果穗穗尖部性状好，就留穗尖，剪除肩部分枝；若穗尖不好，就留穗中间，剪除穗尖不美观的部分。注意：整果穗长短宜在定穗后进行，不宜在疏花序时定长度。若在整花序时整边又整长，成熟后果穗长度不一致。保证全园果穗长短一致，成熟果穗约22厘米。

3. 疏果

天工墨玉葡萄用植物生长调节剂保果后，坐果非常好，果粒着生紧密，和玉米穗非常相似。因此，需要及时认真疏果，否则影响果粒膨大，还会挤破果粒，易感染病害。在坐果后果粒大小分明时，一般在保果后7天开始疏果至膨大处理前结束。疏掉过密的果，生产8克左右的果粒，每穗控制在80～100粒；生产10克左右的果粒，每穗控制在60～80粒。疏去畸形果、病虫果、向内向上果，整成近圆柱形。封穗前果穗像玉米棒一样还要疏去若干粒，保证成熟果穗果粒大小均匀（图4 - 10）。

图4 - 10 疏果后葡萄

4. 膨大处理

天工墨玉葡萄是天然无核，果粒内缺少内源激素，影响果实膨大，需要补充外源激素以促进果实膨大。因此，需要使用果实膨大剂处理果实。保果后

12~15 天，生产 8 克的果粒用 50 毫升/升赤霉酸、即 4 千克水中加入 1 克奇宝。生产 10 克的果粒用国光夏黑套餐②。使用容器盛好处理液，将果穗全部浸入 5 秒后将残液抖掉，以免影响外观。

5. 套袋

葡萄果穗套袋是提高葡萄果实外观及品质、保持果粉完整、减少葡萄病虫鸟害的重要措施。常用制作葡萄果袋的材料有报纸袋、木浆纸袋、塑料薄膜袋和无纺布袋等（图 4-11）。

套袋的时间：花后 20~25 天。天工墨玉葡萄一般套白色或粉红色的纸袋或无纺布袋。注意：套袋前细致喷一次水溶性好的杀菌杀虫剂（果面不能出现药斑），当天喷药当天套袋。闷热天不宜套袋。

图4-11 套袋天工墨玉葡萄呈蓝黑色

6. 促进着色

（1）环剥 葡萄上用到的环剥有主干环剥、结果母枝环剥和结果枝环剥（图 4-12）。所有葡萄品种，硬核期主干环剥均能达到提早着色成熟，天工墨玉葡萄硬核期主干环剥对促进着色有特殊的效果。环剥时期为见花后 50~55 天，环剥口的宽度不能超过主干茎粗的 1/5，宜窄保险，不能超宽，否则伤口不能及时愈合造成树体死亡。操作方法：用锋利的刀片按环剥口宽度环切 2 圈至木质部，剥除环剥口树皮，注意不能残留树皮，否则影响效果。环剥口用塑料膜包缚，避免虫害伤树。环剥后供 1 次水，利于伤口愈合。树势旺可每年环剥，但一年不宜环剥 2 次。树势弱不能环剥。环剥后着色整齐，能提早成熟 7~10 天。

图4-12 环 剥

（2）打老叶 基部的老叶光合作用非常弱，对于树体没有多大的帮助，反而会造成对果穗挡光的不利影响。所以可将果穗附近的老叶摘除，保证良好的透光，促进果实着色。天工墨玉葡萄摘基部叶片适期为萌芽 100 天左右，此时正值着色期，摘除基部 3 张叶片，使果穗部位通风透光好，利于着色，减轻果实病害，减少基部叶片的营养消耗。

（3）铺反光膜 铺设反光膜在果树生产中应用非常广泛，葡萄园中铺反光膜是通过反光膜对阳光的反射，改善整个园子尤其是枝条下部及内膛的光照条件，从而使这些部位的果实，尤其是果穗不易着色的部位充分着色。天工墨玉葡萄在花前 15～20 天铺银黑双色反光膜，黑色面贴地面，银色面朝上反射阳光。

第五章 天工墨玉葡萄的土肥水管理

一、土壤管理

土壤pH对营养元素的活性有很大影响（图5-1），如南方丘陵山地黄红壤土pH低于5时，对葡萄生长发育有影响。沿海地区海涂围垦地pH高于8时，植株易产生黄化缺铁。因此，要重视对土壤改良的措施，增施有机肥和套种绿肥或豆类。对酸性土施生石灰、碱性土用石膏加以调节土壤的pH，提高土壤中的微生物活动和有机质的含量。对于严重酸性土壤进行调校，根据浙江省地方标准《耕地土壤综合培肥技术规范》（DB33/T 942—2014），土壤酸度校正石灰估计需要量如表5-1所示。实际生产中生石灰的用量一般为1～2吨/公顷，对于严重酸化的土壤，使用量需要增加。

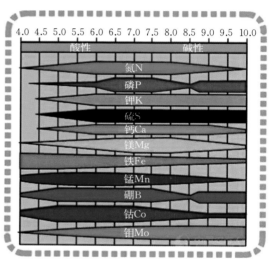

图5-1 土壤pH对营养元素活性的影响

表5-1 不同土壤类型（20厘米耕层）土壤酸度校正石灰估计用量及使用间隔

土壤类型	从pH 4.5校至pH 5.5		从pH 5.5校至pH 6.5	
	用量（吨/公顷）	间隔（年）	用量（吨/公顷）	间隔（年）
沙土及壤质沙土	0.5～1.0	1.5	0.75～1.25	1.5
沙质壤土	1.0～1.5	1.5～2.0	1.25～2.0	2.0
壤土	1.5～2.5	2.0	2.0～3.0	2.0～2.5

（续）

土壤类型	从 pH 4.5 校至 pH 5.5		从 pH 5.5 校至 pH 6.5	
	用量（吨/公顷）	间隔（年）	用量（吨/公顷）	间隔（年）
粉质壤土	2.5～3.0	2.5	3～4	2.5
黏土	3.0～4.0	2.5	4～5	2.5
有机土	5～10	2.5	5～10	2.5

注：石灰用量以中和值为 100 的石灰石粉计。

二、肥料管理

葡萄在整个生命活动过程中，对营养元素的要求是多种多样的（图 5-2），其中需要量较大的有碳、氢、氧、氮、磷、钾、钙、镁、硫、铁十大元素，一般称多量元素或"大量元素"。硼、锌、锰、铜、钴对葡萄植株的生长也有一定的作用，一般称为微量元素。肥料是保证葡萄营养的重要来源。葡萄树施肥原则要以有机肥为主、化肥为辅，保持或增加土壤肥力及土壤微生物活性，同时所使用的肥料不应对葡萄园环境和果实品质产生不良影响。

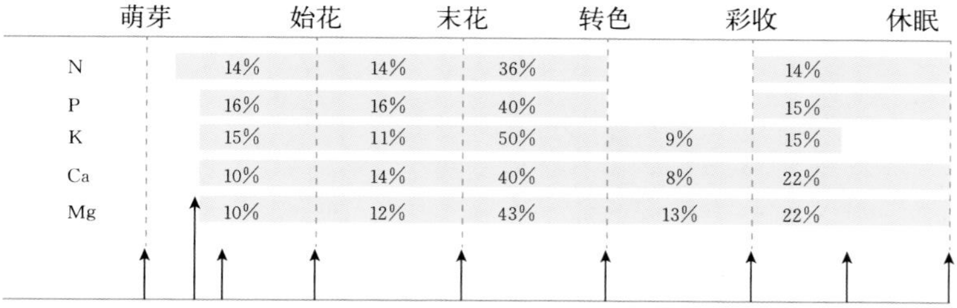

	萌芽	始花	末花	转色	彩收	休眠
N	14%	14%	36%		14%	
P	16%	16%	40%		15%	
K	15%	11%	50%	9%	15%	
Ca	10%	14%	40%	8%	22%	
Mg	10%	12%	43%	13%	22%	

图 5-2　葡萄主要矿质营养年吸收比例

1. 施肥时期

（1）基肥　施基肥的最适期在 10 月下旬至 11 月上旬，而套种芥菜等园区，提早到 9 月。太早施易诱发秋梢，不利于养分积累；不宜过迟施，不利于根系伤口愈合，影响下一年萌芽与发根。基肥以有机肥料为主，其是可以在较长时期内供给葡萄多种养分的基础肥料。秋季施基肥正值根系第二生长高峰，伤根容易愈合，施肥时切断一些细小根，还起到根系修剪的作用，可以促发新根。基肥施用量根据当地土壤、树龄、产量等情况而定，一般天工墨玉葡萄每亩施腐熟有机肥 1 000～2 000 千克或商品有机肥 500～1 000 千克，并混入过磷酸钙或钙镁磷肥 50～100 千克、硫酸镁和硫酸锌各 2～5 千克。

（2）追肥　根据天工墨玉葡萄的生长和结果，全年追肥次数4～5次。①萌芽肥。葡萄发芽前进行，这时葡萄根系刚开始活动，追肥对花穗的分化发育和葡萄前期生长有重要作用。萌芽前20天，覆膜前后亩施三元复合肥（15∶15∶15）15千克、尿素5千克。全园撒施、浅耕入土，近主干少施。有肥水同灌系统的用15千克/亩高氮三元速溶肥，分2～3次灌。②第一次膨果肥。葡萄保果后立即进行，促进果实膨大、新梢生长和结果枝基部芽花芽分化都极为重要。亩施高氮三元复合肥或水溶肥15千克、硝酸钙10千克。有肥水同灌系统的分2～3次灌。③第二次膨果肥。园内有1粒葡萄开始着色，亩施高钾复合肥15千克为好；有肥水同灌系统的分2～3次灌。④着色肥。园内绝大部分果穗全转红时施纯钾肥如硫酸钾或磷酸二氢钾，亩施7.5千克，磷酸镁10千克。有肥水同灌系统的分2～3次灌；⑤采果肥。果实采收结束后每亩施三元复合肥10千克（图5-3）。

施高氮复合肥或速溶肥5千克1次，硝酸钙5千克2～3次 　　施高钾复合肥或速溶肥5千克2～3次 　　施磷酸二氢钾2.5千克1次或硫酸钾5千克1次，硫酸镁5千克2次 　　糖度18%～20%

图5-3　葡萄追肥实例

2. 施肥技术

（1）土壤施肥　机械或人工开沟施基肥，开沟的位置应在植株两侧或株间，隔年交替挖沟，通常沟深30～40厘米、宽30～50厘米，挖好后，按所需基肥量放在挖好的土堆内侧，立即回填，回填时土和粪充分拌匀施入沟内，并将土全部复原到沟上，然后灌水，水要灌透，以利沉实和根系愈合。追肥则采用肥水一体化技术，直接将肥料均匀的输送到根部，既满足了葡萄养分的吸收需求，又提高了肥料的利用率，还保护了农业水体环境。

（2）叶面施肥　此方法简单易行，用肥量少，发挥作用快，不受树体营养分配的影响。叶面施肥对解决缺乏养分和防治缺素症效果明显；可避免磷、钾、铁、锌、硼等营养元素被土壤固定和化学固定，减少肥料损失；可以提高果树光合作用、呼吸作用和酶活性；可与防病治虫相结合。

叶面施肥要注意以下事项：叶面施肥一般以阴天 10：00 以前和 16：00 以后，空气相对湿度较大时喷施为好。喷施部位应选择葡萄的幼嫩叶片和叶片背面，以增进叶片对养分的吸收，同时应做到全面、均匀、细致。肥料和农药混合喷施前要经过小面积试验，以防降低肥效、药效或引起肥害、药害。尤其注意叶面肥成分，如果含有植物生长调节剂要慎用。叶面施肥时，要掌握适宜的肥料浓度（表5-2）。

表5-2 叶面施肥的肥料种类及适宜浓度（%）

肥料名称	施用浓度	肥料名称	施用浓度
尿素/硫酸铵	0.3～0.5	氯化钙	1～2
过磷酸钙	1～3	硫酸亚铁	0.1～0.5
硫酸钾	0.3～0.5	硼砂	0.1～0.25
		硼酸	0.1～0.3
钼酸铵	0.3～0.6	硫酸锰	0.2～0.3
磷酸二氢钾	0.2～0.6	硫酸锌	0.1～0.6
磷酸铵	0.3～0.5	草木灰	1～6
硫酸铜	0.01～0.05	硫酸镁	0.3～0.6/0.1～0.3

三、水分管理

采用膜下滴灌技术，尽量满足不同生育期对水分的需求，同时考虑降低棚内空气湿度，以减少病害的发生，大棚内湿度按先高、中间平、后低的原则，即萌芽期湿度 80%～90%、新梢生长期 70%、开花期 60%、果实膨大期 70%～80%，着色至成熟 60%～70%。许多试验资料证实，在葡萄根系分布层中，土壤相对持水量为 60%～70% 时，根系和新梢生长良好；持水量超过 80%，则土壤通气不良，地温不易上升，对根系的吸收和生长不利；当土壤持水量降到 35% 以下时，则新梢停止生长。葡萄园的供水要考虑到葡萄生长发育阶段的生理特性和当地的气候、土壤条件。

1. 萌芽前

这时葡萄发芽，新梢将迅速生长，花序发育，根系也处在旺盛活动阶段，是葡萄需水的临界期之一。封膜前后微喷系统喷大水，使土壤湿润，渗透地下 50 厘米土层，此期使土壤湿度保持在田间持水量的 65%～80%。

2. 花前 1 周

在此时期新梢和花序迅速生长，根系也开始大量发生新根，同化作用旺

盛，蒸腾量逐渐增大，此时灌水有助于新梢和花序的迅速生长，开花整齐，坐果率高，特别对容易落花落果的品种尤为重要。

3. 开花期

一般要控制水分，因浇水会降低地温，同时土壤湿度过大，易引起枝叶徒长，导致落花落果。在透水性强的沙土地区，如天气干旱，在花期适当浇水有时能提高坐果率。故花期灌溉应视具体情况而定。

4. 花后1周

此期内新梢迅速加粗生长，基部开始木质化，叶片迅速增大，新的花序原始体迅速形成，新侧根大量发生，根系在土壤中吸水达到最旺盛的程度，同时幼果第一个生长高峰来临，是关键的需肥需水时期，如水分不足，叶片和幼果争夺水分，常使幼果脱落。田间持水量宜保持在60%～70%。

5. 浆果生长—成熟期

浆果生长期间，水分充足，可以增大果粒，提高产量。但葡萄近成熟时，特别是采收前水分过多，则延迟浆果成熟并影响质量，严重时（特别在前期干旱条件下）则易产生裂果和加剧病害的蔓延，田间持水量宜保持在60%～70%。因此，成熟期间应合理调节水分，保持土壤适宜湿度，浆果成熟前应严格控制供水，如遇降雨，应及时排水，防止裂果发生，采取沟内盖膜或深沟高畦。

6. 采收后—落叶前

采果后结合施肥供水，有利于根系吸收和恢复树势，遇秋旱还应抗旱供水。

第六章　天工墨玉葡萄的病虫鸟害防治

一、病虫鸟害发生原因及防治关键

1. 发生原因

（1）产量、果穗、粒大小与病虫害影响　据调查：每亩产量控制在 1 250 千克，穗重控制在 400～600 克，粒重 6～8 克，树体抗病性较强，病虫害发生少，危害就较轻；每亩超 1 500 千克，穗重超 750 克，粒重 10 克以上，树体抵抗力下降，白腐病、房枯病、枝干溃疡病等和介壳虫易发生，危害就较重。

（2）株距和梢距对病虫害的影响　该品种生长势旺，在南方行距小于 2.5 米、梢距小于 20 厘米，影响叶幕通风透光，易发生灰霉病、穗轴褐枯病、粉蚧等。

（3）留果粒量对病虫害发生与危害的影响　一般留果 60～80 粒，疏果不到位，留果太挤，白腐病、枝干溃疡病等和介壳虫易发生，危害就较重。

（4）用肥对病虫害发生有影响　氮素肥料施用偏多，枝旺叶偏大偏薄，影响光照，病虫害易发生，危害就较重。

（5）栽培模式不同对病虫害发生的影响　温岭、嘉兴通过双天膜或三天膜促早熟栽培，成熟期分别提早到 4～5 月，避开了梅雨季和台风多发季，酸腐病等危害就轻。

（6）采收时间对病虫害发生的影响　该品种降酸比夏黑早，所以可溶性固形物达到 15％以上时即可上市，超过 20％易感病而造成落粒。

（7）品种香气与鸟害的影响　该品种香味浓，成熟特早，所以鸟害较早且重，鸟害引发酸腐病。因此，在开始着色时就需安装防鸟网。

2. 防治关键点

根据国家葡萄产业技术体系杭州综合试验站试验，总结出以下几个防病治虫关键点：

（1）芽绒球期　有 5％芽露绿时进行，杀灭越冬白粉病、白腐病等病菌和蚧类、螨类等害虫。药剂可选：卡白 300 倍＋扑利旺 1 000 倍或 5 波美度自制石硫合剂或强力清园剂 600～800 倍液。

（2）2叶1心至新梢30厘米长　设施栽培的主要防治绿盲蝽；露天栽培的兼防治黑痘病。药剂可选：啶虫脒、噻虫嗪、特福力等杀虫剂，甲基硫菌灵等杀菌剂。

（3）开花期前后防灰霉病和穗轴褐枯病　开始开花期花序喷速克灵或异菌脲，开始开花后第8天，花穗用保果剂时混配1 000倍施佳乐。

（4）坐果后防果实炭疽病、白腐病、透翅蛾、叶蝉等病虫害　果实无核保果处理液中混配施佳乐；隔10～15天，膨大处理时加阿米西达。

（5）开始转色至成熟　防治枝干溃疡病，糖醋液诱杀吸果夜蛾、醋蝇，性诱剂诱杀斜纹夜蛾，安装防鸟网。

（6）采收后至落叶前　防霜霉病、白粉病，斜纹夜蛾、天蛾、叶蝉等病虫害。无台风影响地区棚膜推迟至国庆节后揭膜。

葡萄病害的防治参考团体标准《葡萄病虫防治技术规范》（T/ZNZ 061—2021）。葡萄虫害的防治参考团体标准《葡萄害虫防治技术规范》（T/ZNZ 062—2021）。病虫害防治年历见附录。

二、主要病害

1. 灰霉病

由灰葡萄孢霉引起，借风、雨、气流传播。花期危害花穗（花冠、花梗），花后危害穗轴，造成落花落果。花穗多在开花前发病，初期呈淡褐色、水渍状，后变为暗褐色或黑褐色。在潮湿条件下，病部组织软化、腐败，表面产生浓密的灰色霉层，稍加触动，可见烟雾粉状物飞散。被害花穗萎蔫，幼果极易脱落。果实多在近成熟期，连续阴雨或阵雨裂果后或吸果夜蛾危害后易出现软腐，果粒表面密生鼠灰色霉层并很快扩展至全穗果粒，果穗易脱落。叶片新梢也会发病。主要症状：出现淡褐色不规则病斑，有时出现不太明显的轮纹，会长出鼠灰色霉层（图6-1）。

图6-1　天工墨玉葡萄花序梗、叶片、梢尖、新梢基部感染灰霉病

主要在以下几种条件下发病：花期前后多雨，15～20℃的适宜温度，大

棚内土壤含水量偏多，相对湿度 90％以上；新梢生长期氮肥偏多，花序偏嫩；枝蔓偏密，叶幕层太厚，花序不见光；葡萄园套种；园内杂草丛生等均会诱发病害，加重病害发生。

防治方法：农业防治为主，结合药剂防治。①稀植。一字形整形的株距从原来的 1 米扩大至 3～4 米，行距 3 米。H 形整形株距 2 米，行距 6 米，梢间距 20～25 厘米。叶幕不能郁闭，花序见光。长势难控的 2 年后间伐，株距放大。②土壤水管理。堆配制土，畦高 40 厘米，地下水位控制在 60 厘米左右，排水畅通，降低土壤含水量。③降低棚内空气湿度。萌芽后至分蕾前畦面铺膜，适当控水，降低棚内湿度。花期前至开花坐果期遇阴雨天气，最低气温 14 ℃以上，全天开棚门降湿。④不宜间作其他作物。因灰霉菌寄主范围广，除危害葡萄外，还危害草莓、番茄、茄子、黄瓜等，否则易交叉重复感染。⑤药剂防治。花序分离期至落花落果期是用药的最佳时间。可用 50％水分散粒剂啶酰菌胺 500～1 500 倍液，500 克/升悬浮剂异菌脲 750～1 000 倍液或50％水分散粒剂嘧菌环胺 600～1 000 倍液，50％可湿性粉剂咯菌腈 1 250～2 500 倍液等杀菌剂防治。棚内湿度控制不下来，也可用药液浸果穗。还可进行大棚熏蒸，每亩用速克灵烟剂 250 克，傍晚闭棚熏蒸，不仅可防治灰霉病，还可显著降低棚内湿度。转色期不推荐使用腐霉利。

2. 穗轴褐枯病

由葡萄生链格孢霉引起，以分生孢子和菌丝体在结果母枝和散落在土壤中的病残体上，借风雨传播到幼嫩的花穗轴而侵染发病。主要危害葡萄果穗幼嫩的穗轴组织。发病初期，先在幼穗的分枝穗轴上产生褐色水渍状斑点，迅速扩展后致穗轴变褐坏死；果粒失水萎蔫或脱落；有时病部表面生黑色霉状物，即病菌分生孢子梗和分生孢子；该病一般很少向主穗轴扩展，发病后期干枯的小穗轴易在分枝处被风折断脱落；幼小果粒染病仅在表皮上生直径 2 毫米圆形深褐色小斑，随果粒不断膨大，病斑表面呈疮痂状；果粒长到中等大小时，病痂脱落，果穗也萎缩干枯；发病严重时，几乎全部花蕾或幼果落光（图 6 - 2）。

防治方法：农业防治为主，结合药剂防治。①搞好清园工作。结合修剪，清除越冬菌源。葡萄芽绒球期喷 3～5 波美度石硫合剂或45％晶体石硫合剂 30 倍液。②加强

图 6 - 2　葡萄穗轴褐枯病

栽培管理。控制氮肥用量，增施磷钾肥，同时搞好果园通风透光、排涝降湿，也有降低发病的作用。③喷药防治。展叶后用 70％代森锰锌可湿性粉剂 400～600 倍液预防；花序分离期至开花前喷 10％多抗霉素粉剂 600 倍或 3％多抗霉素粉剂 200 倍，80％戊唑醇 6 000 倍液，20％苯醚甲环唑 3 000 倍液等；硬核期后可喷 75％肟菌·戊唑醇 5 000 倍液或 43％戊唑醇 5 000 倍液。

3. 炭疽病

葡萄炭疽病病原菌为围小丛壳菌，以菌丝体在一年生枝蔓表皮层组织及病果上越冬，老蔓不带菌，通过风雨传播，属高温高湿型病害。孢子产生最适温度为 28～30 ℃，经 24 小时即出现孢子堆；若日降水量在 15～30 毫米，田间很快出现病菌孢子，如果台风影响连续降雨数日，孢子会不断出现，因此，葡萄成熟前后高温多雨常导致炭疽病的流行。

主要危害果实，也危害穗轴、当年的新枝蔓、叶柄、卷须等绿色组织。病菌侵染果粒：在幼果期，得病果粒表现为黑褐色、蝇粪状病斑，但基本看不到发展，等到成熟期发病；成熟期或成熟的果实得病后，初期为褐色、圆形斑点，而后逐渐变大并开始凹陷，在病斑表面逐渐生长出轮纹状排列的小黑点（分生孢子盘），天气潮湿时，小黑点变为小红点（肉红色），肉红色是类似于粉状的黏状物，为炭疽病的分生孢子团，这是炭疽病的典型症状（图 6-3）。

图 6-3　天工墨玉葡萄果实感染炭疽病

防治方法：①设施栽培。果穗与雨水隔离，发病减轻或没发生。②落叶后清园。把落叶、枝上病果穗彻底清除，集中深埋，以减少果园内病菌基数。③提高植株的抗病力。生长期要及时摘心、绑蔓去副梢，园内保持良好的通风透光条件；雨后要搞好果园的排水工作，防止园内积水。④套袋栽培。在花后20～25 天，完成疏果、果实膨大剂处理后立即套袋，尤其露地栽培的必须套袋，防治效果80％左右。天工墨玉葡萄袋内即可上色，因此，不需要摘前拆袋。如果不套袋，禁用易产生药斑的乳油剂、可湿性粉剂类等农药。遇台风暴雨天，交替使用下述农药。⑤药剂防治。关键防治点：谢花后、幼果期、果实膨大期、转色初期，喷药预防。喷药方法：因病原菌主要在结果母枝，因此，果穗与结果母枝要一起喷。保护性杀菌剂：86％波尔多液水分散粒剂，30％王铜（氧氯化铜）；内吸性杀菌剂：锐收果香1 500～2 500倍液，43％戊唑醇悬浮剂2 000～4 000倍液，20％抑霉唑水乳剂800～1 200倍液，16％多抗霉素B可溶粒剂2 500～3 000倍液。

4. 霜霉病

葡萄霜霉病是由鞭毛菌亚门卵菌纲霜霉目单轴霉属侵染所致，孢子囊借风、雨、气流、大雾扩散传播到葡萄蔓叶、花序、幼果上发病。春季、秋季低温、多雨、多雾、多露易引致该病的流行，尤其斜风雨、大棚漏水处均会发生该病。夏黑葡萄不抗霜霉病，尤其是秋季易发病。

主要危害叶片，也危害新梢、花蕾和幼果等幼嫩部分。造成叶片早落、早衰，影响树势和营养储藏（果实、枝条、根系），从而成为果实品质下降、冬季冻害（冬芽、枝条、根系）、春季缺素症、花序发育不良的重要原因。如果霜霉病发生早（春季多雨地区），危害嫩梢、叶柄、卷须，造成扭曲、死亡，危害花蕾和幼果，严重时造成整个或部分花序（果穗）干枯、死亡，发病较轻或使用杀菌剂控制住病害后，则会加重中期的气灼病和转色期的干梗。发病初期叶片正面出现不规则淡黄色半透明油渍状小斑点，逐渐扩大成黄绿色，边缘界限不明显，多为数个小斑连成一个不规则或多角形的大病斑，并在叶背面产生黄白色的霜状霉层，病斑后期变成淡褐色，干裂枯焦而卷曲，严重时叶片脱落，影响树体营养积累，影响花芽分化（图6-4）。

图6-4　葡萄霜霉病危害天工墨玉葡萄叶片、果实

防治方法：①设施栽培，推迟揭棚膜。设施栽培花、枝、叶、果不受雨淋，可避免或减少发病。无论小环棚还是连栋棚新梢生长到大棚膜外时必须剪去，否则会感染该病；天工墨玉葡萄销售推迟至国庆后揭棚膜能避免秋季发病，保好秋叶。但台风多发地，根据台风级别确定是否提早揭膜。②露地栽培用铜制剂保护。春梢生长期、果实膨大期、秋梢生长期，遇多雨天气，用铜制剂——喹啉铜（必绿）、波尔多液等保护，可避免发病。③秋冬季清除菌源。秋季葡萄落叶后把地面的落叶、病穗扫净烧毁；冬季修剪时，尽可能把病梢剪掉，并再次清理果园。④调节棚室内的温湿度：花期控制温度 20～28 ℃、湿度 50%～60%；坐果以后，室温白天应快速提温至 30 ℃以上，并尽力维持在 28～32 ℃，以高温低湿来抑制孢子囊的形成、萌发和孢子的萌发侵染；夜温维持在 10～15 ℃，空气湿度不高于 60%，用较低的温湿度抑制孢子囊和孢子的萌发，控制病害发生。⑤药剂防治：用 3～5 波美度石硫合剂或强力清园剂均匀喷枝干和地面。30%吡唑醚菌酯水分散粒剂 1 000～2 000 倍液；25%双炔酰菌胺悬浮剂 1 500～2 000 倍液；3 亿 CFU/克可湿性粉剂哈茨木霉菌 200～250 倍液；0.3%丁子香酚可溶液剂 500～650 倍液；22.5%啶氧菌酯悬浮剂 1 500～2 000 倍液；50%霜脲氰水分散粒剂 1 200～1 500 倍液；花前或套袋后可选用成本较低的以下几种农药：46%氢氧化铜可湿性粉剂 1 750～2 000 倍液、33.5%喹啉铜悬浮剂 750～1 500 倍液、86%波尔多液水分散粒剂 400～450 倍液。

5. 白粉病

葡萄白粉病的病原菌是葡萄钩丝壳菌 [*Uncinula necator* (Schw.) Burr.]，分生孢子，子囊孢子借助风和昆虫传播。设施栽培，干旱的初夏至晚秋，高温干燥、闷热、少雨、通风透光不良时发病严重。

坐果期至果实膨大期发病，发病部位主要是幼果，先在果粒表面产生一层灰白色粉状霉，擦去白粉，表皮呈现褐色花纹，最后表皮细胞变为暗褐色，受害幼果糖分积累困难，味酸，容易开裂。秋季主要表现在叶片，起初产生白色或褪绿小斑，后表面长出粉白色霉斑，逐渐蔓延到整个叶片，叶片变褐，严重时病叶卷缩枯萎。新枝蔓受害，初期呈现灰白色小斑，后扩展蔓延使全蔓发病，病蔓由灰白色变成暗灰色，最后变成黑色。叶片背面，病斑处组织褪色、变黄（图 6-5）。

图 6-5　天工墨玉葡萄感染白粉病

防治方法：①不能套种或园旁种易感白粉病的草莓、瓜类。②清园。秋冬季清园，减少浸染源；秋季葡萄落叶后将落叶、病穗扫净烧毁；冬季修剪时，尽可能把病梢剪掉，并再次清理果园。绒球末期用 3～5 波美度石硫合剂喷洒树体、畦面、架体，杀灭越冬病原菌。③树体管理。及时摘心，绑缚新梢，疏剪过密枝叶和绑蔓，保持果园通风透光。④药剂防治。谢花后及幼果期是控制白粉病流行的关键时期，应用药剂预防。果实采收后全树喷药，控制叶片、枝蔓白粉病发生，减少翌年病菌量。硫制剂：包括 45％石硫合剂结晶粉剂稀释至 3～5 波美度、硫黄粉剂、硫胶悬剂、硫水分散粒剂等，利用硫原子和硫原子氧化物杀菌。硫制剂防治葡萄白粉病存在的问题：受温度限制，低于 18 ℃ 无效，高于 30 ℃ 易产生药害；干燥的条件药效好，湿润的条件药效差。内吸性杀菌剂：42.4％唑醚·氟酰胺悬浮剂 2 500～5 000 倍，4％嘧啶核苷类抗菌素水剂 400 倍液，25％已唑醇悬浮剂量 8 350～11 000 倍液，10％戊菌唑水乳剂量 2 000～4 000 倍液；50％肟菌酯水分散粒剂 3 000～4 000 倍液。

6. 褐斑病

褐斑病是由半知菌亚门拟尾孢属的葡萄褐柱丝霉〔*Phaeoisariopsis vitis*（Lev.）Sawada.〕侵染引起，借风雨传播。果园管理不善，树势衰弱，果实负载量过大，高温高湿都易引起病害的流行。

主要危害中、下部叶片，侵染点发病初期呈淡褐色、不规则的角状斑点，病斑逐渐扩展，直径可达 1 厘米，病斑由淡褐变褐，进而变赤褐色，周缘黄绿色，严重时数斑连结成大斑，边缘清晰，叶背面周边模糊，后期病部枯死，多雨或湿度大时发生灰褐色霉状物。有些品种病斑带有不明显的轮纹。病斑直径 3～10 毫米的为大褐斑病，其症状因种或品种不同而异。病斑直径 2～3 毫米的为小褐斑病，大小一致，叶片上现褐色小斑，中部颜色稍浅，潮湿时病斑背面生灰黑色霉层，严重时一张叶片上生有数十至上百个病斑致叶片枯黄早落。有时大、小褐斑病同时发生在一片叶上，加速病叶枯黄脱落。分生孢子在枝蔓表面附着越冬（图 6-6）。

图 6-6　天工墨玉葡萄感染褐斑病

防治方法：①清园。彻底清除枯枝落叶减少病源。发芽前喷 3～5 波美度石硫合剂。②加强果园管理。合理施肥，科学整枝。增施多元素复合肥。增强树势，高抗病力科学留枝，及时摘心整枝，通风透光。③药剂防治。发病严重的地区结合其他病害防治，6月可喷1次等量式200倍波尔多液，7～9月用22.5%啶氧菌酯悬浮剂1500～2000倍液，或800～1000倍液70%甲基托布津交替使用，每10～15天喷1次药。

7. 溃疡病

葡萄溃疡病主要是由葡萄座腔菌属的真菌（*Botryosphaeria* sp.）引起的，靠雨水传播。树势弱或者进行了果穗膨大处理造成果梗开裂等情况下易发病。

葡萄溃疡病引起果实腐烂、枝条溃疡，果实出现症状是在果实转色期，穗轴出现黑褐色病斑，向下发展引起果梗干枯致使果实腐烂脱落，有时果实不脱落，逐渐干缩；枝条出现灰白色梭形病斑，病斑上着生许多黑色小点，横切病枝维管束变褐；叶片上表现的症状是叶肉变黄呈虎皮斑纹状（图6-7）。

图6-7 天工墨玉葡萄感染溃疡病

防治方法：①加强栽培管理。严格控制产量，合理肥水，提高树势，增强植株抗病力；设施栽培的要及时覆盖薄膜，避免葡萄植株淋雨。挖除死树，对树体周围土壤进行消毒；及时清除田间病组织，集中销毁。②整穗、疏花、疏果、打梢、剪枝后及时用药防病。可用甲基硫菌灵等杀菌剂加入黏着剂喷药，防止病菌侵入。③繁苗。采用健康枝条留用种条。④药剂防治。30%吡唑醚菌酯水分散粒剂1000～2000倍液，10%苯醚甲环唑（世高）水分散粒剂1500倍液，40%氟硅唑乳油8000倍液，20%抑霉唑水乳剂1500倍液。

8. 酸腐病

酸腐病的病原为果蝇幼虫等。裂果及蜂、鸟、夜蛾刺吸等伤口引诱醋蝇来产卵，醋蝇身上有细菌，在爬行、产卵的过程中传播细菌。

酸腐病是果实成熟期病害。发病果园内可闻到醋酸味，果穗周围可见小蝇子（长4毫米左右的醋蝇），烂果内外可见灰白色小蛆，果粒腐烂后流出汁液，汁液流到处即受感染，果袋下方一片湿润（俗称尿袋），腐烂后干枯，果粒只剩果皮和种子（图6-8）。葡萄酸腐病近几年在我国已成为葡萄的重要病害。危害严重的果园，损失达30%～80%，甚至绝收。

防治方法：①栽培模式。同一园内避免不同熟期品种混栽。②避免果粒出现伤口。防蜂、鸟、夜蛾、白粉病等危害，适时采收及均匀供应水分，防裂果。③诱杀醋蝇成虫。一是果穗旁悬挂蓝板，每亩挂20张。二是成熟期用5%水乳剂吡丙醚250～400倍液诱杀，方法：用10%吡丙醚500～800倍液混配10%高效氯氰菊酯500倍液配置，把疏下来的病果粒、裂果等放入杀虫液中浸泡5～10分钟捞出，把浸泡药液的烂果粒、病果粒、裂果粒，放入容器中，每个容器5～10粒。在容器中和处理后的果粒上喷洒诱集剂。将容器悬挂于发生酸腐病果穗的植株周围，沿着主蔓，3个/株。超过30天时，把容器内的病果粒倒出（用土掩埋），用杀虫液重新处理诱集器，之后加入重新浸泡的果粒，在诱集器内喷果蝇诱集剂，之后重新悬挂。④剪除病果穗，园外深埋。

图6-8 天工墨玉葡萄感染酸腐病

三、天工墨玉葡萄主要虫害

危害天工墨玉葡萄的虫害有100多种，主要有以下几种。

1. 绿盲蝽

绿盲蝽成虫飞翔、若虫爬行传播，先在葡萄萌芽与展叶期危害，再危害幼果。后转移到豆类、玉米、蔬菜、杂草等上危害。成虫、若虫刺吸葡萄幼芽、嫩叶、花蕾和幼果，并分泌毒液使危害部位细胞坏死或畸形生长。嫩叶被害后先出现枯死小点，后变成不规则的孔洞（似黑痘病危害后期症状）；花蕾受害后即停止发育，枯萎脱落；受害幼果先呈现黄褐色后呈黑色，皮下组织发育受阻，严重时发生龟裂，影响外观品质和产量（图6-9）。

图6-9 绿盲蝽危害天工墨玉葡萄叶片

防治方法：①清园。剥除老皮，清除周边棉田棉枝叶和杂草，清园消毒，减少越冬虫源。②诱杀。利用该虫趋光性，每4公顷果园挂1台频振式杀虫灯诱杀成虫。③药剂防治。根据害虫危害习性，适宜在太阳落山后傍晚或在太阳未出现前的清晨喷药防治；因其具有很强的迁移性，同一栽培模式的葡萄园区不同业主应统一时间、统一用药。早春葡萄芽绒球期，全树喷施1次3～5波美度石硫合剂，消灭越冬卵及初孵若虫。越冬卵孵化后，抓住越冬代低龄若虫期，适时进行药剂防治。常用药剂有22%特福力悬浮剂、10%吡虫啉粉剂、3%啶虫脒乳油、2.5%溴氰菊酯乳油、5%顺式氯氰菊酯乳油等，连喷2～3次，间隔7～10天。喷药一定要全树喷细致、周到，对树干、地上杂草及行间作物全面喷药，以达到较好的防治效果。

2. 透翅蛾

幼虫可转移危害，一般在7月、8月转移1～2次。成虫飞翔传播危害。主要以幼虫蛀食嫩梢和1～2年生枝蔓，被害部位膨大，节间易折断，内部形成较长的孔道，妨碍树体营养的输送，使叶片枯黄脱落。该虫危害的最大特征是在蛀孔的周围有堆积的虫粪（图6-10）。

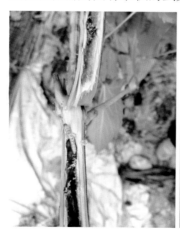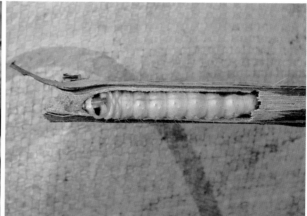

图6-10　透翅蛾危害葡萄枝干

防治方法：①人工防治。引种时检查种苗和接穗等繁殖材料，冬季修剪时，将虫害枝条剪掉，有幼虫的枝条集中粉碎，消灭越冬虫源。6～7月经常检查新梢，发现虫害枝及时剪杀。②诱杀。利用害虫趋光性，挂黑光灯诱杀成虫。成虫羽化期用性诱剂诱杀。5～6月成虫羽化期，将新羽化的雌成虫1头，放入用窗纱制的小笼内，中间穿一根小棍，搁在盛水的脸盆口上，脸盆放在葡萄旁，每晚可诱到雄成虫。③药剂防治。在粗枝上发现受害时，可从蛀孔灌入80%敌敌畏100倍液或2.5%敌杀死200倍液，然后用黏土封住蛀孔或用蘸敌敌畏的棉球将蛀孔堵死。成虫羽化期，即葡萄开花前、谢花后进行药剂防治，选用 20％氯虫苯甲酰胺（20％康宽或 5％普尊）2 500～3 000 倍液或左旋氯氰菊酯 1 500 倍液或 Bt 乳剂 1 000 倍液喷杀。

　　3. 短须螨

　　以成虫、若虫近距离爬行传播，也可通过苗、插条远距离传播。以成螨、若螨和幼螨危害葡萄的嫩梢、叶片、果穗等。叶片受害后，由绿色变成淡黄色，然后变红色，最后焦枯脱落。叶柄、穗轴、新梢等受害后，表面变为黑褐色，质地变脆，极易折断。果实受害，果面呈铁锈色，表皮粗糙龟裂，果实含糖量大减、酸度很高，影响果实着色和品质（图 6 - 11）。

图 6 - 11　短须螨危害天工墨玉葡萄叶片

　　防治方法：①清园。刮除或剥除老翘皮，集中深埋，消灭越冬雌成虫。②药剂防治。新引进苗木消毒防治，定植前用 3 波美度石硫合剂浸泡 3～5 分钟，晾干后再定植；春季冬芽萌动时，喷布 3～5 波美度石硫合剂或 600～800 倍强力清园剂。5～8 月，用 35％阿维·螺螨酯悬浮液、40％联苯·乙螨唑悬浮液、15％哒螨灵 2 000 倍液或 20％哒螨酮可湿性粉剂 3 000 倍液或 10％浏阳霉素乳油 1 000 倍液或 24％螺螨酯乳油 3 000～5 000 倍液，消灭卵和虫。

　　4. 斑叶蝉

　　别名葡萄二星叶蝉、葡萄二点叶蝉等，露天栽培，先危害葡萄园附近梨桃等果树叶，等葡萄展叶后转移到葡萄植株上危害并产卵。成虫飞翔传播。以成虫、若虫聚集在叶的背面吸食汁液，被害处形成针头大小的白色斑点，后连成片，整个叶片失绿苍白，导致早期落叶，对花芽分化及果实、新梢成熟均有影响，虫粪排泄果面，使果实污染（图 6 - 12）。

图 6 - 12　斑叶蝉危害葡萄叶片

　　防治方法：①清园。秋后、春

初彻底清扫园内落叶和杂草，减少越冬虫源。②诱杀。悬挂黄色黏虫板诱杀，每亩挂20～30块于葡萄架上，每隔10～30天涂黏虫胶1次。③药剂防治。抓两个关键时期，一是发芽后（防治越冬成虫关键时期），二是开花前后（防治第一代若虫关键时期）。喷洒10％吡虫啉2 000倍液或5％啶虫脒3 000倍液或20％氰戊菊酯乳油3 000倍液或10％歼灭3 000倍液。要注意栽培模式相同的园区统一施药，喷雾均匀、周到、全面，同时注意喷防葡萄园周围的林带、杂草。

5. 介壳虫

常见的有康氏粉蚧、葡萄粉蚧、东方盔蚧等。以嫁接所用葡萄枝芽、葡萄苗木交易中传播为主。葡萄出土或开始萌动，雌成虫、若虫吸附在枝干、叶片和果实上把口器刺入植物体内，吸取汁液，受害叶片常呈现黄色斑点，严重者失绿，提早脱落，大量排出蜜露产生杂菌污染，导致烟煤病发生，影响叶片光合作用，有的影响树势和枝条成熟。树势衰退，最后全株枯死。果实被粉蚧危害时，出现大小不等的褪色斑点、黑点或黑斑，危害处该虫分泌白色棉絮状物污染果面，使果实失去食用和利用价值（图6-13）。

图6-13　介壳虫危害葡萄枝干

防治方法：①植物检疫。介壳虫常固着寄生，虫体微小，主要靠寄主枝条、接穗、果品甚至树干携带而远距离传播。因此，对苗木、接穗和果品的采购、调运过程和保护区都应实施检疫，以防传播蔓延。防风林不能栽种刺槐等寄主植物。②减少虫基数。深秋初冬雨后剥除老翘树皮，主干和多年生枝用涂白剂涂白。尽早定梢绑蔓，防止枝叶过密或重叠，以免给蚧类创造适宜环境。③利用天敌。如防治葡萄粉蚧时保护好跳小蜂和黑寄生蜂，防治东方盔蚧时注意保护黑缘红瓢虫等。④人工捕杀。初发现虫时，人工刷抹有虫枝蔓。介壳虫短距离扩散蔓延主要靠初孵若虫爬行，此时采用枝干涂黏虫胶或其他阻隔方法，可阻止扩散，消灭绝大部分若虫。黏虫胶用10份松香、8份蓖麻油和0.5份石蜡配制而成，加热溶化后即可使用，黏性一般可维持15天左右。⑤药剂防治。在深秋落叶后、芽绒球期，喷洒3～5波美度石硫合剂或强力清园剂

600～800 倍液。抓住 2 个关键防治时期，初龄若虫爬动期或雌成虫产卵前是第 1 个防治适期，卵孵化盛期是第 2 个防治适期，如粉蚧在花序分离期至开花前是防治第 1 代的关键时期。药剂有 24％螺虫乙酯 3 000 倍液，或 20％啶虫脒＋15％哒螨灵混合剂喷雾。

6. 金龟子

常见的有白星花金龟、铜绿金龟子等，幼虫主要取食植物根部，发育至老熟便直接在土壤中越冬。寄主有葡萄、梨、桃、李、苹果、柑橘等水果。啃食植物根和块茎或幼苗等地下部分，为主要的地下害虫。危害植物的叶、花、芽及果实等地上部分。成虫咬食叶片成网状孔洞和缺刻，严重时仅剩主脉，群集危害时更为严重。白星花金龟成虫喜在果实伤口、裂果和病虫果上取食，常数头聚集在果实上，以枝条背上果居多，将果实啃食成空洞，引起落果和果实腐烂。常在傍晚至 22:00 咬食最盛（图 6 - 14）。

图 6 - 14　铜绿金龟子危害

防治方法：①人工捕杀。利用成虫的假死性，早晚振落扑杀成虫。但白星花金龟在白天活动时假死性不明显，一旦惊落地面后立即飞走，在人工捕杀时，应趁其取食危害时，迅速用塑料袋将害虫连同果实套进袋内杀死。②诱杀。利用成虫趋光性，当成虫大量发生时，利用黑光灯大量诱杀成虫。利用成虫趋化性，用糖醋药液装入可悬挂容器，加入 2～3 头成虫，每亩挂 4～10 个，诱杀成虫。如白星花金龟成虫对糖醋液趋性强的特点，在葡萄架面上挂矿泉水瓶等小口容器，内盛糖醋液（糖、醋、水的比例为 1：2：3），诱集成虫，待到田间的白星花金龟飞到瓶子上时，会在瓶口附近爬行，后掉入瓶中，等瓶子里的成虫快满后，及时把成虫倒出杀死，原来的糖醋液可以继续使用，要保持糖醋液量为瓶子容量的 1/3～1/2。瓶里放入 2～3 头白星花金龟，效果更佳。③利用性诱散发器诱杀雄虫。散发器的制作方法为用普通试管（18 毫米×30 毫米或 15 毫米×20 毫米）或用塑料窗纱卷成 20 毫米×40 毫米的圆筒，将雌成虫放入管或筒内放少量树叶或蕾、花，用细纱布封口，另将诱杀盆（脸盆）埋在果园中，盆面与地面相平，盆内放水不要过满，水中加入少许洗衣粉。散发期挂在诱杀盆中央的水面上，早晨挂出，晚上收回。④翻地杀虫。深秋结合施肥翻地，直接杀死或将蛴螬露于地表使其冻死或喂天敌。⑤药剂防治。在金龟子成虫盛发期，用 48％毒死蜱乳油 1 000～1 200 倍液，或 52.25％毒死蜱、氯氰乳油 1 000～1 500 倍液防治。早上或傍晚喷杀，采收前 15 天停用。土壤施药：用 50％辛硫磷乳油 800 倍毒土或噻虫·高氯颗粒剂撒施，每亩撒施金龟子绿僵菌 421 颗粒剂 4～6 千克。秋季施菜饼时每亩混入 50％辛硫磷 400～500 克。

7. 沟顶叶甲

沟顶叶甲幼虫生活于土中，成虫在葡萄树展叶期出蛰为害，成虫在土内越冬，潜伏深度为 5～15 厘米。出蛰成虫为害嫩芽、幼叶、茎和叶柄、果梗的表皮。膨大后的主副芽和花序原基被蛀食后，一般干瘪不再萌发；幼叶受害后形成缺刻，其他器官表皮受害后形成暗色条状疤痕。老园受危害的程度比新园严重，主要危害欧亚种葡萄（图 6－15）。

防治方法：①人工。利用成虫假死性振落杀死。刮或剥除老皮清除虫卵。冬季深翻树盘。开沟灌水使成虫窒息而死。②物理防治。建园远离菜地，在冬季深翻树盘土壤 20 厘米、春季 1～2 月覆盖地膜，可阻止成虫在葡萄展叶期出土，使其窒息死亡。③药剂防治。毒杀：春季越冬成虫出土前，用辛硫磷制成毒土撒在树干周围，虫量多时 7～8 月再用 1 次；喷杀：葡萄萌芽期和 5～6 月幼果期用菊酯类药喷杀。

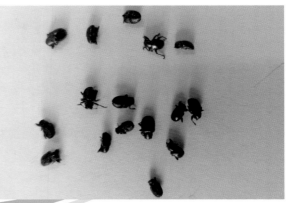

图6-15　天工墨玉葡萄沟顶叶甲成虫危害

8. 斑衣蜡蝉

成虫和若虫均可跳跃，爬行较快，可迅速躲开人的捕捉。在浙江4月中下旬至5月上旬为孵化期，若虫常群集在幼枝和嫩叶背面危害，6月中下旬至7月上旬出现成虫，8月中旬开始交尾产卵。寄主有葡萄、猕猴桃、梨、桃、李、杏、臭椿、香椿等树。以成虫、若虫群居在叶背、嫩梢上以刺吸口器吸食汁液危害，有时可见数十头群集在新梢上排成一线，其排泄物可造成果面污染，嫩叶受害常造成穿孔或叶片破裂，严重的影响植株生长和发育（图6-16）。该虫自身会喷出酸性液体，喷至皮肤上会红肿，起小疙瘩。

图6-16　斑衣蜡蝉危害葡萄茎秆

防治方法：①建园。不与臭椿、香椿等寄主植物邻作，降低虫源密度。②清园。冬季结合剪枝铲除卵块。③药剂防治。若虫大量发生期喷药防治，可喷的药有2.5%氯氟氰菊酯乳油2 000倍液或10%吡虫啉可湿性粉剂2 000～3 000倍液或25%噻虫嗪水分散粒剂6 000～7 500倍液或2.5%溴氰菊酯2 000～3 000倍液。

9. 斜纹夜蛾

斜纹夜蛾成虫飞行传播，幼虫以爬行或吐丝下附转移危害。初孵幼虫群集叶背啃食，留存透明上表皮似纱窗状。3龄后分散危害叶片，造成叶片缺刻、残缺不堪甚至全无，蚕食花蕾造成缺损，容易暴发成灾。严重时危害嫩茎和幼果。其食性既杂又危害各器官，老龄时形成暴食，是一种危害性很大的害虫（图6-17）。

图6-17　斜纹夜蛾幼虫危害症状及性诱剂诱杀

防治方法：①人工。清除杂草，结合田间作业可摘除卵块及幼虫扩散危害前的被害叶片，集中处理。②诱杀。利用成虫有强烈的趋化性和趋光性，可采用黑光灯或糖醋液诱杀；性诱剂诱杀防治效果好。③药剂防治。掌握用药时间于幼虫3龄前，傍晚6时后，直接喷到虫体和叶上，触杀、胃毒并进效果好。根据幼虫老幼程度选择使用药剂性：低龄幼虫用苜蓿夜蛾多角体病毒（奥绿1号）600～800倍液、苏云金杆菌粉剂量500倍液或20%氯虫苯甲酰胺悬浮剂3 000～4 000倍液或24%甲氧虫酰肼乳油2 500～3 000倍液或5%氟虫脲乳油2 000～2 500倍液。高龄幼虫用20%氯虫苯甲酰胺悬浮剂1 500倍液或15%茚虫威悬浮剂3 500～4 500倍液。10天1次，连续2～3次。

10. 吸果夜蛾

成虫产卵传播。寄主有葡萄、通草等。成虫虹吸式口器刺穿果皮吸汁，果面留有大头针刺过的小孔，有的感染炭疽病，有的孔口感染灰褐色杂菌。果肉内部失水呈海绵状或腐烂脱落。早期不易发现，在储运过程中造成腐烂变质。吸果夜蛾幼虫还食叶，造成缺刻或孔洞（图6-18）。

防治方法：①建园。避免在葡萄园内及周边1千米以内栽植木防己、通草等寄主植物。②人工。套袋栽培。发现幼虫吐丝缀叶潜伏危害及时摘除。③诱杀。利用成虫趋光性、趋化性，安装黑光灯或频振式杀虫灯诱杀；利用糖醋药

图6-18　吸果夜蛾危害果粒症状

液及烂果汁诱杀，用小叶桉油或香茅油驱避成虫。④药剂防治。成虫发生期用2.5%氟氯氰菊酯2 000倍液喷杀，幼虫用4.5%高效氯氰菊酯乳油1 500倍液或20%氯虫苯甲酰胺悬浮剂3 000倍液喷杀。

11. 蜗牛

危害葡萄的有壳蜗牛有庭园蜗牛、法国蜗牛、玛瑙蜗牛、白玉蜗牛等，无壳的称蛞蝓，俗称鼻涕虫。爬行危害。葡萄、桑、棉及豆科、十字花科、茄科植物等为寄主。主要以葡萄等植物芽、茎、叶、花、多汁的果及根为食。蜗牛爬行时，还会分泌黏液，干时呈灰白色且有亮光，污染果面影响其商品性，伤口诱发酸腐等其他病害（图6-19）。

图6-19　天工墨玉葡萄蛞蝓爬行后污染果面和叶片

防治方法：①人工。清洁田块破坏蜗牛栖息环境；秋冬深翻园地冻死或被天敌取食。利用白天在叶背或树干阴面栖息特点进行人工捕杀；结合改良土壤，行间施生石灰，每亩用量5～10千克。树干绑阻隔器1个。②养禽。春季末3～4月园内放鸭，早晚每亩放2～3只鸭。③药剂防治。有效药剂为四聚乙醛（思密达）杀螺胺。四聚乙醛与面粉调成药糊，涂抹在树干上，控制蜗牛有效。毒土阻隔：3～4月及8～9月蜗牛出蛰活动未上树前配制毒土撒施于畦面（1份药混10份土配比）。对上树蜗牛，用80％蜗敌高喷杀。

12. 蚂蚁

蚂蚁对葡萄的危害是间接的，蚂蚁为获得蜜露，会携带蚜虫卵，为卵寻找适合其生长发育繁殖的葡萄嫩叶，待卵发育成为成虫再为其提供蜜露（图6-20）。

图6-20　蚂蚁危害葡萄小果

防治方法：①清园。对园内枯枝落叶秋季进行集中深埋。入冬前用石硫合剂涂抹主干及多年生蔓，防治蚜虫产卵。②药剂杀灭蚜虫。③毒饵。毒饵即是由化学药剂与蚂蚁喜食的食物诱饵混合而成。根据蚂蚁的交哺行为，一只工蚁取食毒饵后，只要其短时间内不死亡，就可将毒饵带入蚁巢，引起其他个体死亡，死亡时间一般在7天之内，但蚂蚁蛹不进食，因此可能存活，使除蚁不彻底。保幼激素类似物毒饵：即在饵料内配以保幼激素类似物，如抑太保（Chlorfluazuron）、甲氧保幼激素（Methoprene）等，激素浓度一般为饵重的0.6％～1.5％。

四、鸟害

危害葡萄的鸟，黎明有麻雀、山雀，傍晚有白头翁、灰喜鹊等，还有乌鸦、鸠鸽、啄木鸟等，果实被啄，诱发酸腐病（图6-21）。

图6-21　鸟危害天工墨玉葡萄果实

转色前全园安装防鸟网。鉴于鸟类对颜色有一定的感应。建议山区用黄色防鸟网，平原用蓝色和橘红色防鸟网，以上色调鸟不敢靠近，可减少危害。鸟网网格大小要根据园区鸟种类确定，如麻雀使用14厘米×2.5厘米鸟网、灰喜鹊使用37厘米×4厘米鸟网、乌鸦使用45厘米×4厘米鸟网、鸠鸽使用41厘米×4.5厘米鸟网、啄木鸟使用42厘米×4厘米鸟网。

第七章 天工墨玉葡萄采收与采后加工

一、采收

葡萄果实的采收按照《鲜食葡萄》（NY/T 470）的有关规定执行，达到农药安全间隔期并检验合格后方可采收。按品种特性及可溶性固形物含量确定采收期，天工墨玉葡萄可溶性固形物含量≥17％，测量方法参照《水果和蔬菜可溶性固形物含量的测定　折射仪法》（NY/T 2637）。采摘时整穗带袋轻摘轻放，避免伤果，及时采收，避免完熟采收掉粒，影响商品性。包装前对果穗严格整修，剪除病虫果、腐烂果、裂果，保留果粉，单层果摆放。（图7-1）

图7-1　葡萄采收、包装

二、采后加工

葡萄果实除了鲜食和酿酒外，还可以加工制成葡萄干、葡萄汁、葡萄罐头、葡萄果酱、葡萄蜜饯、葡萄果冻、葡萄粉等系列食品，葡萄籽和葡萄皮提取物亦能加工成葡萄护肤品及各种保健品等，具有极高的营养和保健价值（表7-1）。

表7-1　葡萄加工品的营养组成与保健功能

类型	营养成分	保健功用
葡萄果皮	葡萄糖、白藜芦醇、花青素、原花青素、单宁、类黄酮、酒石酸、可溶性纤维等	抗癌、抗氧化、防衰老、调节血脂、抗炎抗过敏、抗辐射、保护心血管、皮肤保健和美容、保护口腔健康、改善视力、改善关节的柔韧性等
葡萄果实	葡萄糖、多种维生素和矿物质、白藜芦醇、酒石酸、苹果酸、琥珀酸、没食子酸、草酸、水杨酸、氨基酸、粗纤维、蛋白质等	抗氧化、促进新陈代谢、助消化、防止老年痴呆、抗癌、防衰老、改善贫血等
葡萄籽（葡萄籽油/胶囊）	硬脂酸、软脂酸、亚油酸、亚麻油酸、棕榈酸、花生酸、氨基酸、原花青素、粗蛋白、粗纤维、灰分、碳水化合物等	清除自由基、抗氧化、抗前列腺癌、抗肝脏肿瘤、抗癌、抗过敏、减少黑色素、美白肌肤、祛黄褐斑、活化表层细胞、减少皱纹、延缓衰老且亚油酸含量高可作为高级食用油
葡萄干	葡萄糖、多种维生素和矿物质、核黄素、白藜芦醇、叶酸、烟酸、氨基酸、蛋白质、纤维素	补血气、暖肾、防止冠心病、缓解神经衰弱、降低胆固醇、护肠、防肿瘤、预防心脏病等
葡萄汁、葡萄酒	葡萄糖、碳水化合物、有机酸、维生素、矿物质、黄酮类和多酚类物质等	对治疗肾炎、肝炎、关节炎和贫血、抗癌、抵抗肺病、增强肝脏功能有一定帮助，促进胆汁分泌、改善神经衰弱和过度疲劳、降血压、预防心脏病等

1. 葡萄酒

葡萄酒可以按照酿制的葡萄品种分为3类：红葡萄酒、白葡萄酒、桃红葡萄酒；酿制中控制糖分的量可以分为4类：干型、半干型、甜型、半甜型。酒庄一般都用专门的酿酒葡萄品种加工葡萄酒，有极少数的酒庄会用少量鲜食品种加工。在贵州有一家酒厂做过夏黑葡萄酒，天工墨玉葡萄和夏黑葡萄品质非常相似，果皮颜色是紫黑色，但汁液颜色偏浅，可加工成干型桃红葡萄酒（图7-2）。

（1）工艺流程　葡萄分选→除梗破

图7-2　天工墨玉葡萄酒

碎→带皮发酵→控温浸渍→压榨分离→陈酿→后处理→装瓶→陈酿→销售。

（2）操作要点

① 葡萄分选。葡萄采摘后要经过分选台进行一次分选，要求成熟度良好、无病果、烂果、生青果及其他杂质。不得将剪下的果穗直接与地面接触。运输葡萄的用具要求无毒无味，保证新鲜的果实不被挤破，根据当天的加工量确定采摘量，不得使剪下的葡萄在地里或加工点存放超过 24 小时。

② 除梗破碎。分选后的葡萄用除梗破碎机进行除梗与破碎，使果汁与酵母充分接触后便于启动发酵。葡萄除梗破碎的工艺要求：葡萄不清洗直接破碎。当天的葡萄必须当天处理完毕，以保证原料的新鲜度。

③ 发酵前处理。为了酿制精品的葡萄酒，必须保证葡萄汁的质量。由于气候条件、栽培管理等因素，有时会生产出成熟度不够、含糖量低的葡萄汁，在发酵前要调整成分。一般采用添加白砂糖的方法来提高葡萄汁含糖量，白砂糖的添加标准为每增加 1%（V/V）的酒度需要 18 克/升糖。例如，计算含糖 15.4% 的葡萄汁，发酵后酿成 12° 的干红葡萄酒，1 000 升葡萄汁应加白砂糖的量，生产 12° 酒需要葡萄汁含糖量为 12×18 克/升＝216 克/升。应加入白砂糖为 1 000 升×（216 克/升－154 克/升）÷1 000＝62 千克。加糖操作要点：葡萄汁开始发酵，达到主发酵时，将所需的糖先用正在发酵的酒溶化开，然后用泵分次打入发酵酒中，充分混匀。

④ 发酵管理。除梗破碎的果浆倒入发酵罐，入料占容器的 80%，投料完毕后或分完果汁后加入二氧化硫和果胶酶。二氧化硫的用量依据原料成熟度及卫生状况现场确定。果胶酶加入 4 小时后，再加入酵母和营养剂。每隔 8 小时测发酵液温度、比重。发酵温度应控制在 $25\sim30$ ℃，经常检查各罐及温度控制情况，并做相关记录。每隔 12 小时将发酵液进行循环喷淋皮渣，当温度低于 18 ℃时，循环时开启热机，将料液温度升到 25 ℃。可采用喷淋式降温。发酵旺盛时可增加循环次数及时间，循环完后立即取样，检测果浆比重、温度、总糖、滴定酸 pH 并做记录。当测得发酵液比重≤0.996 时，每次测温度、比重时要测发酵液中的还原糖。当还原糖＜4 克/升后，喷淋循环式改为封闭式，每 12 小时一次。根据品尝情况适时停止喷淋。一次发酵结束后，如浸提效果达到要求，将酒液与皮渣进行分离，使皮渣中保留最少的酒液，皮渣出罐后进行人工或机械压榨，以保证酒的质量。

苹果酸-乳酸发酵可在橡木桶中进行，也可在不锈钢罐中进行。用层析分析法及总酸、挥发酸的测定检测苹果酸发酵的情况。发酵结束后，加 60 毫克/升的二氧化硫以杀死乳酸菌和杂菌。二次发酵后的酒去掉了酸涩粗糙的口感，酸度降低，变得醇厚柔和。发酵 1 周后分离、转罐。苹果酸-乳酸发酵结束后调整二氧化硫，酒进入储藏阶段。

⑤ 陈酿及澄清处理。葡萄酒的质量除了色、香、味的品质以外，还必须澄清透明，完全靠自然澄清的办法往往需要很长的时间，一般需要储存 3～4 年。而采用自然澄清和人工澄清相结合的量贩式叠加澄清技术，可以加速葡萄酒的澄清，在保质期内不产生浑浊沉淀。

⑥ 冷稳定处理。葡萄酒生产过程中需要冷冻处理。利用微型保鲜冷库进行处理，将葡萄酒冷却到 −5～−3 ℃，让它在此温度下维持一段时间（一般 7～8 天，依效果而定），使色泽和澄清度达到稳定。经过冷冻处理，不但可以加速酒的成熟，同时也可以去除酒中不稳定的胶体物质和酒石酸盐沉淀，提高酒的稳定性，改善酒的质量。

制好后的葡萄酒色泽澄清透明，无沉淀，宝石红；具有醇香、清雅的果香及酒香。

2. 白兰地

（1）工艺流程　葡萄分选→除梗破碎→带皮发酵→控温浸渍→压榨分离→第一次蒸馏→第二次蒸馏→调整酒度→橡木桶陈酿→装瓶（图 7 - 3）。

图 7 - 3　天工墨玉葡萄白兰地

（2）操作要点　第一次蒸馏前的操作与加工葡萄酒的方法一致，有一点小区别就是，加工白兰地的果酒前期发酵不能加二氧化硫，以免影响白兰地的香气和口感。

白兰地蒸馏一般分为 2 次，第一次蒸馏采用大火粗馏，对葡萄原酒或94％的原酒与 6％的头、尾的混合物进行蒸馏，得到 20°～30°的原酒。第二次蒸馏采用文火精馏，是用第一次蒸馏的酒身与次头、次尾的混合物进行蒸馏，以获得 60°～70°的白兰地原酒。第二次蒸馏掐头去尾，酒头中酒精量占总酒精量的 1%～2%，去掉酒尾（酒度低于 40%）。

刚蒸馏出来的酒具有苦涩、辛辣、刺喉、收敛等特性，比普通的粮食酒更难以入口，橡木桶储存工艺是完善白兰地品质的重要环节。将白兰地原酒酒度调整到 40°～42°后，灌入橡木桶中进行陈酿若干年。白兰地在储存过程中发生了一系列的物理化学变化，这些变化赋予了白兰地特有的甜润、绵柔、醇厚及微苦的特点。

3. 葡萄干

（1）工艺流程　原料→清洗去杂→脱蜡质层→烘烤（或日晒）→干制→清洗→沥干→分级→包装成品（图 7 - 4）。

（2）操作要点

① 原料选择。制干的葡萄应充分成熟，使干物质含量达到最高限度，保证干制后形态饱满、颜色美观、风味极佳。而未成熟果进行干制，则味酸色淡、品质不高、效果不理想。

② 原料处理。先去除果穗中的小粒、不熟粒、坏粒，用 1.5%～4%的氢氧化钠溶液浸泡果粒 1～5

图 7 - 4　葡萄干

秒，脱去果粒表面的蜡质，以利加快干燥。果实浸碱处理后，立即捞出放入流动清水中冲洗。

③ 干制。原料经处理后，剪成小穗，放入热循环烘干机中进行烘制。温度控制在 45～50 ℃，一般 5～6 天即可完成干制过程。

④ 清洗。将干制好的葡萄干放入水中清洗 30 秒钟后，就能除去葡萄干表面的大量灰尘。增加清洗时间虽然能清洗得更加彻底，但清洗时间越长，对后期处理时颜色的变化影响越大，并且容易导致葡萄干内部的糖分析出，因此，葡萄干的清洗应控制在 1 分钟以内。

⑤ 包装与储藏。一般干制成的葡萄干用手紧握后松开，颗粒迅速散开的即为干燥程度良好。含水量一般应控制在 15%～18%。包装前应进行分级，要剔除过湿、过大、过小、结块的葡萄干。待制品冷却后，堆积成堆，盖麻袋或薄膜回软。若条件允许，可将果干放在−15 ℃以下的环境中 3～5 小时，或在密闭环境中用二硫化碳杀虫，一般每立方米用二硫化碳 100 克，将器皿盛药放入室内上部使之自然挥发，向下扩散，杀灭害虫，减少损失。然后装入塑料

食品袋内封口，放在阴凉的 0～2 ℃的环境中储存。

4. 葡萄罐头

（1）工艺流程　原料选购→清洗→择粒→去皮→护色→硬化→灌液→排气、密封→灭菌、冷却→擦罐、保温→检验→包装→成品

（2）操作要点

① 原料选购。选购七成至八成熟的新鲜葡萄。

② 清洗处理。先把葡萄剪成 5～7 小穗，然后用清水淋洗 2～3 次。常规方法用 0.05％的高锰酸钾溶液浸泡 3～5 分钟。也可选用臭氧水消毒，浸泡 5 分钟，然后于清水中漂洗 2～3 次。该方法可避免高锰酸钾溶液易染成红色、不易洗且费时的缺点。

③ 择粒。将用臭氧水消毒清洗后的小穗葡萄一粒一粒旋转摘下，并迅速将过小、过熟、烂果、病虫害果等不合格果挑出。

④ 去皮。分人工去皮和碱液去皮 2 种。人工去皮：将择好的果粒放入温度 60～70 ℃的水中、时间 1～5 分钟，至果粒具有一定弹性时捞出手工剥皮。碱液去皮：用浓度为 3％氢氧化钠溶液，碱液与果的比例为（2～3）∶1，在 90～95 ℃水中烫漂 1 分钟，立即将果实捞入筛网筐中，放到清水槽内，轻轻转动将皮去掉。

⑤ 护色。将葡萄果肉去籽后立即分别放入 0.1％维生素 C、0.1％的植酸溶液、0.2％的柠檬酸、0.2％的焦亚硫酸钠中进行护色处理。

⑥ 硬化。将经过护色处理的葡萄转入 0.15％的氯化钙溶液和 0.12％醋酸锌溶液中进行硬化处理。

⑦ 灌液。汤汁：18％的木糖醇、5％的麦芽糖、柠檬酸的 pH 为 3.3～3.4。将预先配好的汤汁在不锈钢锅内烧开，使用时过滤。将处理好的葡萄粒小心装入空瓶中，然后将汤汁（80 ℃以上）注入瓶中。

⑧ 排气、密封。装罐后因罐中温度达不到要求，要对其进行排气。热力排气时，罐中心温度 75～80 ℃，立即封盖。抽真空排气时，真空度要保持在 0.065 兆帕以上。

⑨ 灭菌、冷却。封口后及时用巴氏灭菌法（85 ℃，15 分钟）进行灭菌，灭菌后将容器倒置，用水阶段性降温至 38 ℃左右。速度越快越好，这样有助于葡萄果粒硬度的提高。

⑩ 擦罐、保温。灭菌后的罐头，立即擦净表面水分，并在 27 ℃保温储藏 7 天，检验合格即得成品。制好后的葡萄罐头色泽黄白色，色泽一致，糖水透明，不浑浊。酸甜可口，有轻微的葡萄酸甜味和香味，无异味。汁液澄清透

明，无杂质，久置后允许有不引起浑浊的少量果肉碎屑，果粒完整无破损，软硬适度。符合罐头食品商业无菌要求。

5. 葡萄果汁

（1）工艺流程　原料选择→冲洗→除梗→破碎→压榨→过滤→澄清→调配→装瓶→杀菌→防腐→成品。

（2）操作要点

① 原料选择。选取充分成熟的、无生青烂果、含糖量较高的、果香味美的新鲜葡萄果实。

② 洗涤果实。洗涤果实是为了除去附着在果皮上的泥土杂物、农药和大量的微生物。洗涤用水应符合食品卫生标准。果实冲洗干净，沥干。

③ 破碎与压榨。用粉碎机将果粒挤压破碎，使果汁流出。然后将果浆装入不锈钢容器内加热 10～15 分钟，温度 60～70 ℃，以便果皮色素浸出并溶于果汁中。

④ 过滤与澄清。榨出的汁液用粗白布过滤，除去汁液中的果皮和果肉等，然后将汁液装入经消毒杀菌处理过的玻璃瓶或瓷缸中，再按汁液质量的 0.08％加入苯甲酸钠，搅拌均匀，使之溶解。经 3～5 个月的自然沉淀，果汁澄清透明。

⑤ 调整糖酸比例。糖液及调和糖液采用热溶法。添加辅料后，保持 55％的糖度。根据多数人的口味，一般将葡萄汁的糖酸比调整为 13∶15。

⑥ 装瓶与杀菌。将果汁瓶洗净后，进行蒸汽或煮沸杀菌，然后将调配好的新鲜果汁灌入瓶内，经压盖机加盖封口，将瓶置于 80～85 ℃热水中，保持30 分钟，取出将瓶擦干，即可粘贴商标，装箱出售或储存。葡萄汁要求存放在 4～5 ℃的阴凉环境中。

⑦ 防腐及保存。将上述加工好的葡萄汁，过滤一遍后加入 0.05％的苯甲酸钠，再倒入含 350 毫克/千克的二氧化硫的缸中杀菌。经过混合杀菌后的果汁装入缸罐密封，并放置于冷凉地方（3～5 ℃）保存一年以上再食用。采用这种处理方法保存的果汁，色泽、风味和含糖量基本上没有变化，维生素 C损失也很少。制好的葡萄果汁饮料为均匀透明液体，无悬浮杂质，允许有微量果肉沉淀。具有葡萄特有的香气。口感醇厚，酸甜适口，无其他异味。

6. 葡萄果脯

（1）工艺流程　原料选择→剪穗淋洗→摘粒分选→热烫→糖制→烘烤→回软拌粉→分级→包装→成品。

（2）操作要点

① 原料要求。葡萄原料成熟度尽量高一些，可在九成熟到完全成熟之间采收。

② 原料处理。用剪刀把果穗剪成小穗，然后用流动水冲洗 2～3 分钟，再用 0.05％的高锰酸钾溶液浸泡 3～5 分钟，最后用清水漂洗 2～3 次，洗至水不

带红色为止。择粒时注意不要破皮，同时要剔除伤烂果、病虫害果及过生、过小的果粒。将选好的葡萄粒用沸水热烫1～2分钟，然后立即放入冷水中冷却。

③ 糖制。糖制分2次完成。糖渍，每50千克葡萄加入白糖25～35千克，一层果一层糖腌渍起来，最后要用糖将果面盖住。糖渍24小时后，把糖液滤入锅中，加入10千克白糖煮沸溶化，倒入果实中，继续糖渍24小时。糖浸，将糖渍葡萄的糖液滤出，倒入锅中加热，加入白砂糖10千克，待溶化后煮沸并停止加热，将葡萄倒入，浸泡4～6小时。然后捞出再向糖液中加入白砂糖10千克，煮沸溶化，并加入适量柠檬酸，使糖液中含有适量的还原糖。倒入上述糖浸的葡萄，连糖液一起移入缸中浸泡24～48小时。经1～2天后，葡萄浸糖饱满变得透明时即可。

④ 烘烤。烘烤分2次进行，中间要注意通风排湿和倒盘整形。第一次烘烤时，将葡萄轻轻捞出，沥净糖液后放入盘中摊平，送入烘房，在60～65℃的温度下烘烤6～8小时，待葡萄中的含水量降至24%～36%时，取出烤盘，适当回潮整形后进行第二次烘烤。第二次烘烤温度控制在55～60℃，烘烤4～6小时，待含水量降至18%左右，产品不黏手时即可。

烘烤时要注意通风排湿。通风排湿的方法和时间可根据烘房内相对湿度的高低和外界风力的大小来决定。当烘房内相对湿度高于70%时就应通风排湿。如室内湿度很高，外界风力小，可将进气窗及排湿筒全部打开。如室内湿度较高，外界风力大，可将进气窗与排气筒交替打开。一般通风排湿3～4次，每次以15分钟左右为宜。通风排湿时，如无仪表指示，也可凭经验进行。当烘房内空气干燥、烘烤人面部无潮湿感、呼吸顺畅时，即可停止排湿，继续干燥。

烘烤中要注意调换烘盘位置，翻动盘内果实。倒盘一般在第一次烘烤结束后进行。结合倒盘，可适当将果实搓成圆形或扁圆形。

⑤ 回软拌粉。将烘烤好的产品放于室内，回潮12～24小时，剔除带有黑点或发黑的、破碎的果脯，对合格品进行拌粉。将葡萄糖和柠檬酸分别研成细末，按40∶1的比例混合均匀，使回潮的葡萄果脯在粉中滚过，风干12小时即可进行包装。

⑥ 成品包装。用带有商标的无毒塑料袋包装成100克、200克、250克等不同规格。成品包装、密封后，放入阴凉干燥处储存。制好后的葡萄果脯色泽鲜艳透明，呈现原果深的颜色；柔软、浸糖饱满，不黏粒；保持原有风味，拌粉后酸甜适口，无异味。卫生指标符合国家规定的食品卫生标准。

7. 葡萄果冻

（1）原料配方　海藻酸钠1%、琼脂0.2%、葡萄汁40%、酒石酸0.05%、麦芽糖浆或饴糖（38波美度）25%、水33%、葡萄香精0.75%。

（2）操作要点

① 海藻酸钠溶液的配制。将开水冷却至 60～80 ℃，加入食用级海藻酸钠粉末或结晶体，边加边搅拌。为了充分搅拌均匀，最好使用搅拌机。在添加搅拌过程中，注意海藻酸钠加入速度不要过快，以搅拌过程中不出现结块为度。海藻酸钠一旦结块，就很难溶解。添加搅拌完毕后，再加热至 90 ℃ 以上，使海藻酸钠完全溶解，最后配制成 3% 的海藻酸钠溶液。晾凉，静置 2～3 小时后备用。

② 琼脂溶液的配制。配制方法因琼脂的种类而异。如果使用条状琼脂，应先将称好的琼脂剪碎，剪得越碎越好，然后再用凉开水浸泡数小时至一昼夜不等，据剪碎程度而定。此后再加热使之完全溶解。如果使用琼脂粉，可直接将其称量后放置温水中加热溶解。最后配制成的琼脂浓度为 3%，趁热使用。

③ 酒石酸溶液的配制。采用食用级酒石酸时，可用冷开水配制成 10% 的浓溶液备用。如果买不到食用级酒石酸，可以利用葡萄酒生产过程中的下脚料——粗酒石（约含酒石酸 80%）作为酒石酸原料。配制时，称取配方中所要求的粗酒石，加入适量的水煮沸，再加入适量的食用磷酸（以粗酒石溶解为度，也可加入食用盐酸或其他有机酸），促进粗酒石溶解，制成酒石酸-磷酸混合溶液备用。

④ 成分混合。首先，将海藻酸钠溶液加热煮沸，趁热混入琼脂溶液，并搅拌均匀。其次，把葡萄汁加热至 70 ℃ 后，加入配方中的麦芽糖浆或饴糖糖浆混合均匀，再趁热加入混合好的海藻酸钠-琼脂溶液，搅拌均匀。如需添加葡萄香精，可最后将葡萄香精加入，混匀后立即灌装。

⑤ 灌装和冷却。如果采用螺旋罐盛装，应将罐和盖预先用沸水杀菌 3～5 分钟，再分别置于 60 ℃、40 ℃ 的温水中各冷却 5 分钟。冷却过程中尽量使罐处于静置状态。冷却后将罐盖水分擦净，待浆液完全冷却凝固后，就是葡萄果冻罐头成品了。

采用聚丙烯包装盒盛装时，则要将混合好的浆液慢慢地注入洗净的容器中，待冷却凝固后，即可封盒出售了。采用这种包装时，还应添加适量的防腐剂。

三、批发与电商销售包装

天工墨玉葡萄采用分级包装、分级定价、分级销售、优质优价，能提高效益。要达到外形美观，有的果穗需要进行整修，即把果穗上的青粒、小粒、虫果、病果、烂果小心地剪去。整修时，一手持果穗柄，一手持剪，整修切忌手握整穗，以免擦去果粉，那样既不美观，又易为真菌侵入。整修与分级装箱结合进行。凡果穗较大者，果粒大小一致，疏密均匀，着色良好的为一级；果穗果粒较小，果粒排列不均，着色较差，但无破损者为二级；二级以下的果穗，已失去商品价值，可进行加工。若前期花果管理到位，天工墨玉葡萄果穗一般不需要整修，采摘后可直接进行分级。

1. 批发销售包装

　　批发销售是目前主要的销售方式，根据果穗质量分一级、二级，定两种价格销售。近距离运输，多采用容量5千克的长方扁形硬纸板箱、塑料筐或者泡沫箱，规格为40厘米×30厘米×13厘米，四周有通气孔。远距离运输多采用容量10千克的塑料筐或硬纸板箱，规格为49厘米×31厘米×14厘米。每穗葡萄先用一张蜡纸包好，逐穗放入箱内（图7-5）。装箱的时候注意保护好果粉，并且果穗之间不能挤压，以免掉粒和压烂果。

图7-5　批发销售葡萄包装

2. 电商销售包装

　　随着电商行业越来越发达，各种生鲜食品都可以通过电商进行销售。葡萄也不例外，目前葡萄电商销售的包装主要是将葡萄用油纸包好（或不包），放入充气袋中，这种袋子又称为袋中袋，是填充袋中的一种（利用两层袋子，内袋固定包装好葡萄，外袋充气，将葡萄悬空，防止外界力量作用在葡萄上，将葡萄挤破，达到了最佳的缓冲防护）。包装好后放入有预冷冰袋的泡沫箱中，密封好后快递（图7-6）。

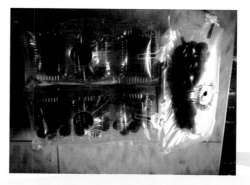

图7-6　电商销售葡萄包装

第八章 天工墨玉葡萄在全国各地的栽培应用

第一节 天工墨玉葡萄在福建宁德的栽培应用

一、基地概况

园区位于福建省宁德市古田县吉巷乡，为国家葡萄产业技术体系福州综合试验站示范基地。该区域属中亚热带湿润气候区，年均温 18.7 ℃，年活动积温 60～80 ℃，极端最低温－6.2 ℃，无霜期 270 天，年降水量 1 579 毫米，年日照时数 1 894.9 小时。试验园土壤为水稻土。土壤有机质含量 1.44%，全氮含量 0.135%，全磷含量 0.855 克/千克，全钾含量 2.38%，pH 4.79。

古田葡萄产业起步较晚，多为零星散户种植。两家大规模企业，一家于 2013 年建园，设施面积 500 亩；另一家为 2016 年建园，设施面积 120 亩。新建园区均采用标准化镀锌钢管结构，水肥一体化灌溉系统。

二、引进情况

2018 年 3 月，国家葡萄产业技术体系福州综合试验站从浙江省农业科学院园艺研究所引进天工墨玉，种植于福建省宁德市古田县吉巷乡葡萄基地，该基地采用避雨设施栽培模式，水平架式南北行向，株行距 1.1 米×3.0 米，每亩栽 202 株。天工墨玉葡萄与其对照夏黑葡萄均采用相同的种植管理模式。当年结果，表现出较对照夏黑葡萄成熟期更早、果肉更脆、香味更浓等，经连续 4 年区域试验观察，认为该品种综合性状优异。

三、种植模式

（1）园址选择 葡萄建园选择土质疏松、深厚、有机质丰富、通气良好的沙壤土或砾质壤土。土壤、空气和灌溉水质量符合国家标准。平地或 5°～15° 缓坡地。园区通风透光良好，周围无"三废"污染，交通便利。

（2）园地规划与设计　葡萄园设干路与支路。干路宽 5.0～6.0 米，支路宽 3.0～4.0 米。栽植区内设作业道，宽 2.0 米左右。设施内根据水源和地形地势设计总灌渠、支渠和灌水沟三级系统。灌排渠道应与道路配合，一般设在道路两侧。

（3）设施搭建　避雨设施采用镀锌管钢架结构，棚顶覆盖聚乙烯无滴膜，设卷膜器在棚顶形成通风天窗（图 8-1）。设施单跨宽度 6.0 米，棚顶距地面 3.4 米，肩高 2.0 米。在距地 2.0 米拱棚肩部设有连接立柱的横梁，每 1.5 米处设有连结横梁与弯拱的小立柱。纵向上每 3.0 米设立 1 根镀锌管立柱，立柱埋入土中 0.5～0.7 米，每 1.0 米设置 1 道弯拱，在距地 2.0 米处纵向搭建横梁，与各弯拱连结。棚内在距地面 1.8 米处用钢丝纵横向拉制网格。

图 8-1　葡萄园及避雨设施

（4）架形选择与搭建　为创造良好的通风透光条件及培育标准化树形结构，提倡宽行窄距高干整形。结合福建高温高湿气候及天工墨玉葡萄品种长势偏旺的特点，优先选择水平棚架 T 形架（图 8-2）。

棚架 T 形架搭建方式：定植当年，每株选留 1 条健壮的新梢，直立向上引缚，生长季及时对副梢进行处理，新梢高度达到 1.8 米时进行摘心，从摘心口下所抽生的副梢中选择 2 个副梢相向水平牵引，培养成主蔓。主蔓保持不摘心的状态持续生长，直至封行后再摘心。主蔓叶腋长出的二级副梢一律留 3～4 片叶摘心。二级副梢长出的三级副梢只留顶芽所发的 1 个三级副梢生长，形成结果母枝。在结果母枝长度达到 1.0 米左右后留 0.8～1.0 米摘心，摘心后所发四级副梢一律抹除。定植当年冬剪时结果母枝一律留 1～2 芽短截（超短梢修剪）。定植第二年从超短梢修剪的结果母枝上发出的新梢（结果枝），按照 20 厘米的间距选留，与主蔓垂直牵引、绑缚。

（5）栽植

① 苗木选择。福建地下水位偏高，优选贝达砧木嫁接苗，苗木基部粗度

图 8-2　T 形架

在 0.6 厘米以上，木质充实、根系发达，嫁接部位以上有 5～6 个老熟节段和相应发育良好的冬芽，根系良好，0.2 厘米粗根在 6 条以上，须根分布均匀。

②栽植时间。福建天工墨玉葡萄苗木定植一般选择在气温恒定的早春 3～4 月，有利于葡萄根系稳固及进一步萌芽生长。

③栽植密度与行向。种植采用避雨设施栽培模式，水平架式南北行向，株行距 1.1 米×3.0 米，亩栽 202 株。3 年后间伐，每亩 37～74 株。

④栽植要求。定植前将苗木根系适当剪去一部分，保留 10～15 厘米根系，拆除嫁接膜，用清水浸泡 15 小时左右，使苗木充分吸水，然后用配好的生根粉泥浆蘸根处理。定植沟深 30～50 厘米，沟宽 60～80 厘米。栽植时使根系向四周伸展，填土踩实、浇透水。

四、种植表现

（1）物候期　2018 年 3 月 28 日，定植天工墨玉葡萄与其对照夏黑葡萄，定植当年天工墨玉葡萄 7 月上旬始花，10 月中旬果实成熟。2019 年起，两品种表现出正常物候期，其中，天工墨玉葡萄 3 月中旬萌芽、4 月下旬盛花、6 月下旬果实成熟（表 8-1），萌芽至成熟约需 104 天，属特早熟品种；与夏黑葡萄（萌芽至成熟约需 114 天）相比，生育期缩短约 10 天、成熟期提早约 13 天，早熟性状明显，对适当填补福建葡萄早熟市场空缺及提升鲜果销售价格起到积极推动作用（表 8-1）。

表 8 - 1 天工墨玉葡萄及其对照夏黑葡萄的物候期

品种	年份	萌芽期	始花期	盛花期	转色期	成熟期	落叶期
天工墨玉	2018	3月20日	7月05日	7月10日	8月25日	10月16日	12月29日
	2019	3月15日	4月21日	4月25日	5月26日	6月29日	12月27日
	2020	3月12日	4月19日	4月22日	5月23日	6月25日	12月25日
	2021	3月12日	4月20日	4月24日	5月25日	6月29日	—
夏黑	2018	3月20日	7月12日	7月16日	9月12日	10月30日	12月29日
	2019	3月18日	4月24日	6月9日	7月12日	12月26日	
	2020	3月16日	4月20日	4月24日	6月3日	7月8日	12月23日
	2021	3月18日	4月21日	4月25日	6月5日	7月11日	—

（2）生长结果习性 天工墨玉葡萄植株生长势强，冬芽萌发率86%，成枝率95%，枝条成熟度中等；花芽分化稳定，结果枝比例85%以上，每结果枝平均花穗数1.5个。对照夏黑葡萄萌芽率与结果枝比例与天工墨玉葡萄相当，分别为87.2%和85.2%。古田基地4年生天工墨玉葡萄平均株产6.37千克，折合每亩产量1 286.74千克。

（3）果实经济性状 天工墨玉葡萄与夏黑葡萄保花保果处理方案一致，均为葡萄花序100%开花后3天内采用5毫克/升赤霉素处理果穗。2021年，古田基地天工墨玉葡萄果穗圆锥形，较紧凑，平均单穗质量531.7克；果粒椭圆形，大小均匀，成熟一致，平均单粒质量8.98克；果皮蓝黑色，果粉较厚，果肉硬脆，风味浓，可溶性固形物含量18%，无裂果，无核，鲜食品质上等。对照夏黑葡萄果穗圆锥形，平均单穗质量493.6克；果粒近圆形，紫黑色，平均单粒质量9.34克，可溶性固形物含量17.7%。总体认为，天工墨玉葡萄穗美质优，商品性更好。

（4）抗病性表现 天工墨玉葡萄较耐高温高湿，适宜于水田黏壤、山地红壤等多种土壤类型种植。霜霉病、灰霉病等病害发生较轻、抗逆性强，较能适应南方温暖潮湿的环境，适宜在福建避雨设施栽培。

（5）经济效益 按照宁德古田园区当地园区天工墨玉葡萄采摘价格30元/千克、平均亩产1 200千克计算，亩效益可达36 000元，扣除成本，亩收入近30 000元，经济效益可观。

五、生产管理

（1）枝蔓管理

① 幼树。幼树定植当年立竹竿引缚新梢，当新梢长到20厘米左右时，选

留 1 个粗壮新梢，其余嫩梢抹除。待新梢生长到架面高度以上 20 厘米时在架面下 10 厘米处摘心，摘心后选留 2 个健壮副梢沿相反方向引缚于铁丝上作为主蔓，水平主蔓上每 20 厘米培养结果母枝。

② 结果树。

解除休眠：福建古田地区冬季低温不足，不能满足葡萄正常休眠，需在葡萄冬季修剪完成后，采用荣芽（50％单氰胺）30 倍液涂抹除顶芽外的所有芽眼，促使葡萄萌芽整齐，成花坐果状况良好。

抹芽定梢：葡萄萌芽后开展抹芽工作，每个芽眼只保留一个强壮的芽。定梢依据品种特性、树形及产量控制要求等来决定留梢量。花前疏除过多的营养枝、细弱枝及花穗偏小而过密的枝，每平方米架面保留 8～10 条发育成的新梢且每个结果枝上有 1～2 个成熟饱满花穗。

摘心：开花前 3～5 天在花序以上留 5～6 片叶摘心；营养枝留 8～10 片叶摘心，促进同化养分更多地转移到花序，促进花序生长和发育，减少落花落果、促进坐果。

副梢管理：结果枝副梢于新梢摘心后很快抽生出夏芽副梢。新梢顶端的 1～2 个副梢，可选留 4～6 片叶摘心，随后长出的 2 次副梢，再留 4～6 片叶摘心。花序以下的副梢全部抹去，花序以上的副梢可留 1～2 片叶摘心或仅留 1 片叶摘心，同时抹除副梢叶腋的夏芽和冬芽。营养枝副梢于营养枝先端的 1～2 个副梢留 3～4 片叶摘心，其余副梢全部抹除。对 2 次副梢，仅保留先端 1 个副梢留 3～4 片叶摘心。

③ 整形修剪。

修剪时间：福建葡萄冬季修剪一般在落叶后半月至伤流前 1～2 周的休眠期进行，以 1 月中下旬为宜。

修剪方式：一般选留 2～3 芽短梢修剪，每平方米架面配置新梢 15～20 根。修剪时结果母枝选留长势中庸健壮、芽眼饱满、成熟度好，靠近主蔓的枝条作预备枝或结果母枝。修剪时距芽 1.0～1.5 厘米剪截，防止剪口芽失水干枯；疏枝时应从基部剪除。修剪下来的枝叶带出园外集中烧毁。

（2）花果管理

① 拉花序。花序上一片叶长至拇指指甲盖大小时及时摘心，减少营养消耗，促进花序自然拉长。

② 疏花整穗。开花前 1 周进行疏花工作，一般 1 个枝条留 1 个花穗。开花前 3～7 天剪去副穗，掐去穗尖 1/5～1/4。

2019—2020 年，保果处理：葡萄花序 100％开花后 3 天内采用 15 毫克/千克赤霉酸（20％GA$_3$）＋3 毫克/千克氯吡脲（0.1％）蘸穗。膨大处理：与保果处理间隔10~15天后采用25毫克/千克赤霉酸（20%GA₃）＋2毫克/千克氯吡脲（0.1%）蘸穗。平均单粒重10.15克。

2021年，保果、膨大一次处理：葡萄花序100%开花后3天内采用25毫克/千克赤霉酸（20%GA₃）处理蘸穗。平均单粒重10克。

③ 定轴长。天工墨玉葡萄开花前1周左右，选留花穗基部的12~15个小花穗（长9~10厘米，小花数300~350个）。

④ 套袋。疏穗后果粒黄豆大小时开始套袋，套袋前细致均匀喷布一次杀菌剂。套袋选择晴朗的天气，选用葡萄专用果袋，套袋时小心将果穗装入袋中，避免果粒紧贴袋壁。采收前10~15天摘袋，可先只打开袋底，约5天后完全摘掉果袋。

⑤ 采摘。根据果实成熟度、用途和市场需求综合确定采收时期。成熟期不一致的，应分期分批采收，采收前5天摘除果袋。为保证果实品质，提高耐储性，采前1个月应适当控水。采收宜选择气温低的清晨或傍晚进行，注意轻采轻拿轻放，以防碰破果粒和擦掉果粉。

⑥ 批发和快递销售。果实采收后应就地进行分级包装，按大小、着色程度等进行分级，装入果箱（硬纸板箱或塑料泡沫箱）并贴上标签待售。

（3）肥水管理

① 施肥。幼树施肥应注意薄肥勤施，少量多次，以利于树冠及早成形。幼树8月前以速效氮肥为主，每15~30天施用1次。9月可施入过磷酸钙、硝酸钾肥，每株幼树施用约250克，11月下旬施入适量基肥（以有机肥为主，配合施用钙镁磷肥、三元复合肥）。

结果树施肥：萌芽肥，萌芽前半个月施入，以速效氮肥为主，一般亩施三元平衡复合肥10千克。促进发芽整齐，新梢、花序生长健壮。追肥后立即灌水。树势旺的情况下可不施萌芽肥。花前肥，开花前补充0.1%~0.2%硼砂1~2次，促进成花。施入高磷肥比例的肥料，一般以磷酸二氢钾或者磷肥比例高的复合肥为主，亩施20千克，此次追肥可促进开花坐果。膨果肥，在幼果迅速膨大期施入，以氮、磷肥为主，适当加入钾肥，一般亩施尿素10千克、复合肥15千克。不仅可以促进幼果迅速生长，而且对当年花芽分化、枝梢和根系生长均有着良好促进作用，适度促进葡萄产量和品质。壮果肥，硬核结束后，果实开始软化着色时主要补充钾肥及适量磷肥，一般亩施复合肥10千克、硫酸钾15千克、磷酸钙5千克及硫酸镁5千克，促进着色及果实糖分积累，对枝条成熟老化有一定的促进作用。采果肥，采果后进行，一般施用速效性肥料，亩施10千克复合肥，恢复树势及促进植株营养积累。

② 水分管理。葡萄萌芽前、新梢生长期、幼果膨大期、落果后均是需水

期，应保证水分的供给，每次施肥后应进行灌水。开花期及转色成熟期注意控水。雨季注重清沟排水，防止园中积水，提倡深沟高垄栽培。

（4）主要病虫鸟害防治

① 主要病害。

葡萄霜霉病。

症状：主要危害叶片，感病后叶片正面出现黄色或褐色不规则病斑，背面有白色霜霉状物，病斑形状不规则，发病严重时叶片焦枯、脱落。

发病规律：在生长季节多雨潮湿的地区或年份，葡萄霜霉病发生严重。孢子借雨水飞溅传播，一般5～6月发病，7～10月发病最严重。

药剂防治：发病前喷施78%科博可湿性粉剂500～600倍液、50%保倍福美双可湿性粉剂1 500～2 000液或80%代森锰锌可湿性粉剂600～800倍液等；发生病害时可使用50%金科克水分散粒剂3 000～4 000倍液、58%甲霜灵·锰锌可湿性粉剂600倍液或69%烯酰吗啉·锰锌可湿性粉剂600倍液等。

葡萄灰霉病。

症状：主要在花期和成熟期危害。花序受害形成腐烂或干枯，而后脱落。灰霉病病菌通过表皮或伤口直接侵入果实，或产生霉层导致整个果穗腐烂。

发病规律：开花前至谢花后病菌易侵入，靠风雨传播侵染，气候干燥时病菌处于潜伏状态。相对湿度85%以上时即可发病，当温度20 ℃、相对湿度90%以上时病害发展迅速。

药剂防治：发病前可喷施50%腐霉利可湿性粉剂600倍液、50%异菌脲可湿性粉剂500～600倍液或80%福美双水分散粒剂1 000～1 200倍液。发病后可使用70%甲基硫菌灵可湿性粉剂800倍液、50%多菌灵可湿性粉剂500～600倍液或40%嘧霉胺悬浮剂800～1 000倍液等。

葡萄白粉病。

症状：叶片受害后，在叶片正面产生灰白色、没有明晰边缘的"油性"病斑，上覆灰白色粉状物。花序发病时花序梗发脆、易折断。果实发病时，表面产生灰白色粉状霉层，擦去粉状物可见果实皮层上有褐色或紫褐色网状花纹。

发病规律：6～7月闷热多云天气易发病，郁闭、氮肥过多、通风透光不好条件利于发病。

药剂防治：发病前可用50%保倍福美双可湿性粉剂1 500倍液防治。发病后用25%粉锈宁可湿性粉剂1 000～1 500倍液、70%甲基硫菌灵可湿性粉剂800～1 000倍液或80%戊唑醇可湿性粉剂6 000～10 000倍液。

葡萄炭疽病。

症状：果实上发病最初为褐色圆形小斑点，病斑扩大后呈褐色水浸状圆形及不规则斑，凹陷腐烂，后期病斑上出现黑色、轮纹状排列的小颗粒，潮湿时病斑上长出粉红色黏性质物。

发病规律：主要危害着色期或近成熟期的果实。幼果期侵入且潜伏期长，转色后才显现病症。

药剂防治：50％保倍福美双可湿性粉剂1 500倍液、80％波尔多液400～600倍液或70％甲基硫菌灵可湿性粉剂800～1 000倍液。发病后用25％咪鲜胺乳油800～1 500倍液、10％苯醚甲环唑水分散粒剂2 000～3 000倍液等或50％克菌丹可湿性粉剂400～800倍液。

葡萄白腐病。

症状：新梢发病后期易折断，病皮组织纵裂。果穗初发病为淡褐色水浸状不规则斑点，扩大后组织坏死。果粒发病多从基部开始，初期呈浅褐色斑，后扩展至整个果粒，灰白色、软化、腐烂，易脱落，后期果面上布满灰白色小颗粒。天气干燥时病粒干缩成僵果不脱落。

发病规律：病虫害、机械伤口等是葡萄白腐病侵染果实的条件。

药剂防治：发病前可用50％保倍福美双可湿性粉剂1 500倍液、80％代森锰锌可湿性粉剂600倍液。发病后可用40％氟硅唑可湿性粉剂6 000倍液、10％苯醚甲环唑水分散粒剂2 000～3 000倍液或50％嘧菌酯水分散粒剂2 000～4 000倍液。

② 主要虫害。

葡萄绿盲蝽。

危害：主要于清晨和傍晚在芽、嫩叶及幼果上刺吸危害，造成危害部位细胞坏死或畸形生长。嫩叶受害先出现枯死小点，后随叶芽伸展，小点变成不规则的多角形孔洞。幼果受害初期表面呈现不太明显的黄褐色小斑点，随果粒生长，小斑点逐渐扩大，呈黑色，受害皮下组织发育受阻，渐趋凹陷，严重的受害部位发生龟裂，影响葡萄的产量和品质。

防治：冬剪后清除枝蔓老皮，剪除有卵剪口、枯枝等，并清出园外集中销毁。对于葡萄园周围有绿盲蝽寄主的，清除杂草、落叶、刮除老翘皮等，减少、切断绿盲蝽越冬虫源和早春寄主上的虫源。生长期间及时进行夏剪和摘心，消灭其中潜伏的若虫和卵。早春萌芽前，使用3波美度石硫合剂。开花前1～2天喷施药剂（傍晚或清晨）：10％吡虫啉可湿性粉剂1 000倍液、20％啶虫脒8 000倍液、10％高效氯氰菊酯3 000～4 000倍液等，连喷2～3次，间隔7～10天，喷全喷严，细致周到；或悬挂频振式杀虫灯，利用绿盲蝽成虫的趋光性进行诱杀。

蓟马。

危害：喜欢在葡萄幼嫩的部位吸取表皮细胞的汁液，叶片、新梢、幼果均

可受害，叶片受害后，叶绿素遭破坏，会出现褪绿的黄斑，可导致叶片变小、卷曲畸形、干枯，有时还出现穿孔；新梢受害后，生长受到抑制；葡萄幼果受害后，表皮细胞干缩形成1个小黑斑，随着幼果的增大，黑斑也随之增大形成木质化褐斑，严重时可引起裂果。

防治：5月末至6月初，在果园内悬挂黄色诱虫板诱杀。保护小花蝽和姬猎蝽等蓟马天敌。发病后使用10％吡虫啉可湿性粉剂1 000倍液等新烟碱类杀虫剂。

金龟子。

危害：杂食性害虫，成虫咬食叶片成网状孔洞和缺刻，严重时仅剩主脉。常在傍晚至22:00咬食最盛。幼虫生活在土中，主要危害苗期植株根部，秋季常群集危害果实，近成熟的伤果上常数头群集危害。

防治：利用金龟子成虫的假死性，早晚振落扑杀成虫。利用成虫趋光性，在傍晚果园旁点火诱杀。利用性诱散发器诱杀雄虫。发病前可用50％辛硫磷乳油或50％对硫磷乳油300倍毒土，撒于树冠下。在金龟子成虫盛发期，开花前2～3天喷施50％对硫磷乳油1 500～2 000倍液、45％马拉磷乳油1 000倍液、75％辛硫磷乳油1 000倍液或2.5％敌杀死乳油2 000倍液等菊酯类药剂。

（5）冻、热、风、水等自然灾害的防治

① 台风灾害。近年来，福建省葡萄种植面临的主要自然灾害是台风影响，台风多发生的6～9月，正与葡萄成熟季节重叠，给葡萄生产造成不同程度影响，轻则设施棚膜受损，重则设施结构受到影响，损失惨重。为此，应采用台风前防控（抗台风设施搭建、设施促早、及时关注台风动向做好应急预案等）＋台风后补救的方式进行处理（整修大棚、排水清淤、树体整理、果穗管理、土壤管理、肥水管理、病虫害管理、二次结果技术等）。

② 涝害。福建葡萄成熟季节偶有水涝灾害发生。处理措施是尽快排水、清理污物、减果保树、防控灰霉病及霜霉病、土壤消毒等应急技术措施，尽可能降低涝害损失，积极恢复生产。

③ 热害。夏季高温对品种转色造成不利影响，应对措施为尽可能地通风换气，降低设施内温度，适当浇水，生草栽培等也可以起到一定的降温作用。

④ 冻害。福建地区早春也有倒春寒的发生，常造成已萌发的芽眼受害，严重者可对当年产量及果实成熟期造成影响。预防倒春寒，在做好常规管理提升树势的基础上，还要做好低温来临前的应急预案，如采用适度浇水、叶面喷肥、熏烟等措施提升树体抵御不良气候条件的能力。

第二节　天工墨玉葡萄在广西南宁的栽培应用

一、基地概况

园区位于南宁市西乡塘区石埠街道办永安村美丽南方现代农业产业示范园区内，园区为南亚热带季风气候区，光、热、水、湿条件优越，年平均温度21.6 ℃，1月平均气温13.7 ℃，7月平均气温28.3 ℃，最低温出现在1月为－2.1 ℃，年日照时数1 827小时，常年降水量1 304.2毫米，雨量充沛，雨热同期。园区土质为壤土，pH 5.99、有机质含量21.0克/千克、水解氮含量174.10毫克/千克、有效磷（P_2O_5）含量56.50毫克/千克、速效钾（K_2O）含量110.90毫克/千克。采用水肥一体化灌溉系统。

广西南宁属于桂南葡萄种植区，具有地方特色，并且可一年两收。南宁市有多家规模化生产的企业、专业合作社，新建园区均采用标准化镀锌钢管结构，水肥一体化灌溉系统。也有很多散户自己种植，基本都是采用滴灌系统。

二、引进情况

2019年春季，广西农业科学院葡萄与葡萄酒研究所从浙江省农业科学院园艺研究所引进天工墨玉品种，种植于南宁市西乡塘区石埠街道办永安村美丽南方现代农业产业示范园区内。该基地采用避雨设施栽培模式，架型采用高宽垂棚架，南北行向，株行距1.5米×3.3米，每亩栽130株。

天工墨玉葡萄与其对照夏黑葡萄均采用相同的种植管理模式。2020年，天工墨玉葡萄开始结果，两季果均表现出较对照品种夏黑葡萄成熟期更早、香味更浓、着色更黑等突出优势，经连续3年区域试验观察，认为该品种综合性状优异。成熟期早，可溶性固形物含量18%以上，品质极优，外观美观，果肉较硬、风味好、不裂果，抗病能力较强，易销售，效益好。在良好设施栽培条件下，花芽分化较稳定，能实现一年两收，是一个值得推广的无核高档葡萄早熟新品种。

三、种植模式

（1）园址选择　选择交通便利、平缓开阔、排灌方便、耕层深厚、土壤pH 6.0～7.5、周边无空气及水源污染的地块建园。

（2）园地规划与设计　葡萄园设干路与支路。干路宽5.0～6.0米，支路宽3.0～4.0米。根据园地的地形、地貌、土壤条件和排灌设施，把葡萄园划

分成不同的区块，根据各区块的具体情况选择品种和相应的栽培管理措施。

（3）设施搭建　避雨棚采用镀锌管钢架结构，单栋大棚的支架为拱形，用聚氯乙烯无滴膜覆盖，单栋大棚高4.2米、宽6米、长30米，每栋棚顶留有1条通风天窗。单栋大棚管理方便，可根据需要选择平棚架还是篱架栽培，一般2～3个单栋大棚连合成1个连体大棚。在距地2.0米拱棚肩部设有连接立柱的横梁，每1.5米处设有连结横梁与弯拱的小立柱。纵向上每3.0米设立1根镀锌管立柱，立柱埋入土中0.5～0.7米，每1.0米设置一道弯拱，在距地2.0米处纵向搭建横梁，与各弯拱连结。棚内在距地面2.0米处用钢丝纵横向拉制网格。

（4）架式选择与搭建　为创造良好的通风透光条件及培育标准化树形结构，观光园提倡棚架栽培、规模种植的大园提倡"高、宽、垂"架式，结合天工墨玉葡萄品种长势偏旺的特点，优先选择"高、宽、垂"架式栽培。高是指植株整形时，具有较高的主干；宽是指植株篱架横断面上叶幕的宽度一般在1.3～1.5米，从而行距叶相对较宽；垂是指植株当年生长的新梢不加任何引缚自由地悬垂生长。

"高、宽、垂"架式搭建为：定植当年，每株选留1条健壮的新梢，直立向上引缚，生长季及时对副梢进行处理，新梢高度达到1.5米时进行摘心，从摘心口下所抽生的副梢中选择2个副梢水平牵引，培养成主蔓。主蔓展叶5～6时摘心，持续摘心2次，同时关注结果母枝的培育。结果母枝叶腋长出的结果枝留1叶绝后摘心，按照25厘米的间距选留、与主蔓垂直牵引，长度达到1.0米左右后，枝条下放，自然下垂生长，垂下来的枝条1.0米左右摘心。

（5）栽植　苗木长势中庸以上，根系发达，适应性好，花芽分化稳定。3～4月出苗移栽。栽植行向为南北向，观光园棚架栽培株距3米、行距为3.3米；规模大园栽培株距为1.5米，行距为3.3米。定植前将苗木根系适当剪去一部分，保留10～15厘米根系，用清水浸泡15小时左右，使苗木充分吸水，然后用配好的生根粉和百菌清蘸根处理。栽植时使根系向四周伸展，填土踩实、浇水。

（6）幼树整形　"高、宽、垂"架式的植株有一主干，高一般在1.4～1.5米，在其顶端篱架方向分出双臂（每臂1.5米），绑在第一道铁丝上，在每一臂上均匀分布有6～8个结果枝。在第一道铁丝上方（0.10米）处，拉第二道铁丝，在第二道铁丝上方（0.25米）处，固定扎丝，可引缚结果枝，让大部分新梢随着生长自然下垂（下垂长度为1米）。

第1年幼树留1根新梢向上生长，待长到1.4～1.5米摘心，副梢留1叶摘心，增加叶面积以促使树冠的快速形成。

四、种植表现

（1）物候期　2019年春，定植天工墨玉葡萄与其对照夏黑葡萄，2020年挂果，并表现出正常物候期。其中天工墨玉葡萄2月中旬萌芽，3月中旬开花，5月中旬开始采收，从萌芽至浆果成熟需97～98天，比夏黑葡萄早14～17天成熟，早熟性状明显（表8-2），对适当填补葡萄早熟市场空缺及提升鲜果销售价格起到积极推动作用。

表8-2　主要物候期调查

品种	年份	萌芽期	开花期	果实转色期	成熟期	萌芽到果实成熟天数（天）
天工墨玉	2020夏果	2月10日	3月18日	4月11日	5月18日	98
	2020冬果	8月21日	9月28日	10月9日	11月21日	90
	2021夏果	2月8日	3月16日	4月15日	5月15日	97
	2021冬果	8月16日	9月24日	10月10日	11月16日	91
夏黑	2020	2月10日	3月19日	5月1日	6月5日	115
	2021	2月10日	3月18日	4月31日	6月1日	111

（2）生长结果习性　从生长结果习性来看，天工墨玉葡萄植株生长势强，略弱于夏黑葡萄，但花芽分化比夏黑葡萄好，二季果比成花率（61%）显著高于夏黑葡萄（3%）。一季果在催芽的情况下，冬芽萌发率平均为97.65%、结果枝率为100%，90%以上的新梢平均花穗数为2个，夏果平均株产9.48千克，亩产1 231.66千克，产量略低于夏黑葡萄的1 269.46千克；冬果在催芽的情况下，冬芽萌发率平均为96.75%、结果枝率为61%，90%以上的新梢平均花穗数为1个，平均株产4.74千克，亩产615.69千克，而夏黑葡萄冬果成花率只有3%，无法形成产量（表8-3、表8-4，图8-3、图8-4）。

表8-3　夏果结果性状及产量情况

品种	年份	萌芽率（%）	结果枝数（个/株）	株产（千克）	亩产（千克）
天工墨玉	2020	98.77	22.00	8.36	1 086.80
	2021	97.65	24.00	10.59	1 376.51
	平均	98.21	23.00	9.48	1 231.66
夏黑	2020	95.43	18.70	9.03	1 174.40
	2021	94.66	22.06	10.50	1 364.52
	平均	95.05	20.38	9.77	1 269.46

表8-4 冬果结果性状及产量情况

品种	年份	萌芽率（%）	结果枝数（个/株）	株产（千克）	亩产（千克）
天工墨玉	2020	96.75	12.36	4.51	586.57
	2021	95.88	13.88	4.96	644.80
	平均	96.32	13.12	4.74	615.69

图8-3 单穗（左）和单株（右）

图8-4 一季果（左）和二季果（右）

（3）果实主要经济性状 从表8-5和表8-6中可以看出，天工墨玉葡萄与夏黑葡萄的穗型、果型、可溶性固形物差异不大，两品种均无裂果现象；在相同的保果膨大浓度处理下，天工墨玉葡萄穗质量、粒质量均小于夏黑葡萄，但天工墨玉葡萄果皮颜色、香气口感均好于夏黑葡萄，天工墨玉葡萄色泽鲜亮、紫黑色，果粉厚，草莓香气浓郁，香甜汁多，无裂果；夏黑葡萄着色较慢，草莓香气弱，且果皮有苦涩味。在南宁"高宽垂"架式下，天工墨玉葡萄着色比夏黑葡萄略早，糖度略高，且穗粒整齐。因此，避雨栽培条件下，天工墨玉葡萄的综合品质明显高于夏黑葡萄。总体认为，天工墨玉葡萄穗美质优，商品性更好（表8-5、表8-6）。

表8-5　夏果果实品质表现

品种	年份	单穗质量（克）	单粒质量（克）	可溶性固形物（%）	可滴定酸（克/升）	裂果情况	着色情况
天工墨玉	2020	380.00	6.25	17.20	4.62	无	紫黑
	2021	441.25	6.14	18.10	4.15	无	紫黑
	平均	410.63	6.20	17.65	4.39	无	紫黑
夏黑	2020	482.89	6.68	18.60	4.67	无	紫红
	2021	455.58	7.63	17.90	4.88	无	紫红
	平均	469.24	7.16	18.25	4.78	无	紫红

表8-6　冬果果实品质表现

品种	年份	穗质量（克）	粒质量（克）	可溶性固形物（%）	可滴定酸（克/升）	裂果情况	着色情况
天工墨玉	2020	364.89	6.13	20.21	0.52	无	紫黑
	2021	357.23	5.00	16.10	0.67	无	紫黑
	平均	361.06	5.57	18.16	0.60	无	紫黑

（4）抗病性　天工墨玉葡萄表现出较强的抗性，具备一定的抗寒性，适宜于黏土、潮土及酸性土地等多种土壤类型种植。霜霉病、灰霉病等病害发生较轻、抗逆性强，较能适应南方气候及环境，适宜在南宁避雨设施栽培。

（5）效益　按照当地园区天工墨玉葡萄采摘价格30元/千克，平均亩产1 100千克计算，亩效益可达33 000元，扣除成本，亩收入25 000元左右，经济效益可观。

五、生产管理

（1）一季果枝蔓、花果管理

① 修剪。冬季修剪在12月下旬至翌年1月进行。定植当年冬季修剪时，要求二季主蔓上的副梢充分成熟且粗度0.8～1.2厘米，留3～4个芽修剪作为

结果母枝。

② 催芽。一季果于1月温度稳定在12℃以上时用50％单氰胺15~20倍溶液进行催芽。催芽时，除剪口以下第1个芽不涂催芽剂外，其余全部涂抹。

③ 枝蔓管理。结果树在新梢展叶3~4张时抹芽定梢，每个节位保留1个强壮的芽，强旺枝留果1穗，弱枝不留果。花上展叶3~4张时进行第一次摘心，花下副梢留1叶后摘心，其余副梢全部抹除，待顶副梢长至3叶后喷甲哌鎓600~800倍控梢壮芽，以后顶副梢长至5~6叶后留4~5叶摘心，摘心控梢期间每次喷药加入甲哌鎓1000倍混合喷施，达到控梢促花的效果。

④ 花果管理。

拉花序。一季果一般在前一年冬季施用基肥时使用复配专用微生物肥料进行拉花即可。

疏花序、整穗及疏花。花前一周至初花期（7~10天），中庸果枝和壮枝留1穗，弱枝不留穗。留下的花序，摘去主穗前端1/5~1/4。

保果与无核化处理。谢花后2~3天内用25毫克/千克赤霉素＋2毫克/千克氯吡脲浸泡花穗。

疏果。当葡萄果实坐稳果后，大概绿豆粒大小时，进行疏果，疏去果穗上的小粒、病粒、畸形粒和向内向外突出的果粒。

膨大处理。一季果保果与无核化处理10~12天后，用50毫克/千克赤霉酸＋3毫克/千克氯吡脲＋5000倍保美灵浸果。具体配比为40升水里加5克20％赤霉酸＋60毫升0.1％氯吡脲＋4毫升保美灵。

⑤ 定轴长。葡萄开花前1周左右，选留花穗基部的12~15个小花穗（长9~10厘米，小花数300~350个）。

⑥ 套袋。套袋一般采用尺寸较大的果袋，套袋的时间一般在葡萄疏定果粒后进行，即疏果后果实玉米粒大小时进行。

套袋前加强果穗整理，适当疏除基部副穗，套袋时，将果袋完全撑开，尽量使果实悬挂于果袋中央，避免果穗紧贴果袋。另外，套袋前必须喷1次杀菌剂和杀虫剂（两剂混用），防止病虫在袋内危害，待药液干后立即套袋。

⑦ 采摘。在皮变成蓝黑色，有浓郁草莓香味，可溶性固形物达到18％以上即可陆续采摘。

（2）两代不同堂二季果枝梢、花果管理

① 修剪。二季果修剪在收果后1个月左右（桂南地区即8月上旬）进行，即葡萄采收后及时清除残余果及枯枝残叶、病叶，同时加强肥水管理和病虫害防治，恢复树势1~2个月，并在修剪前15天用40％乙烯利1000倍喷施植株

叶片，促进叶片营养回流。

② 催芽。二季果于 8 月上旬修剪后人工去除结果母枝剪口节位叶片和其他部位的病叶黄叶，留健康叶片促进水肥吸收，待萌芽后再摘除剩余老叶；清园后用 50% 单氰胺 20～25 倍溶液进行催芽，催芽时涂抹剪口芽。注意涂抹单氰胺溶液前后要保持土壤湿润，确保萌芽早且整齐（图 8-5）。

③ 新梢管理。二季果在花上展叶 3～4 张时摘心并同时进行抹芽定梢，每个芽眼只保留 1 个强壮的芽，新梢上的副梢全部去除，摘心控梢期间每次喷药加入甲哌鎓 1 000 倍液，控梢壮芽（图 8-6）。

图 8-5　两代不同堂二季果
　　冬芽涂抹催芽剂

图 8-6　两代不同堂二季果冬芽萌发部位

④ 花果管理。

拉花序。二季果拉花一般在新梢展叶到 4～5 张时，用 3～5 毫克/千克赤霉素全园喷施 1～2 次，同时配合施用尿素 1～2 次。

疏花序、整穗及疏花。花前一周-初花期（7～10 天），中庸和壮枝留 1 穗，弱枝不留穗，同时剪除花穗的副穗，花穗留 3～4 厘米长为宜（图 8-7）。

保果与无核化处理。谢花后 2～3 天内用 25 毫克/千克的赤霉素＋2 毫克/千克的氯吡脲浸泡花穗。

疏果。当葡萄果实坐稳果后，果实绿豆粒大小时，进行疏果，疏去果穗上的小粒、病粒、畸形粒和向内向外突出的果粒。

膨大处理。二季果膨果在无核化处理 7～10 天后，用 50 毫克/千克赤霉酸＋3 毫克/千克氯吡脲＋5 000 倍保美灵浸果。具体配比为 40 升水＋5 克 20% 赤霉酸＋60 毫升 0.1% 氯吡脲＋4 毫升保美灵。

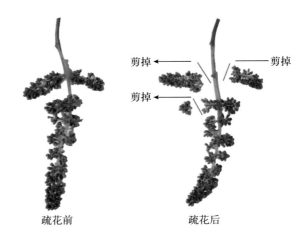

剪掉 ← ── 剪掉

剪掉 ←

疏花前　　　　　　　　疏花后

图8-7　花序疏剪

（3）两代同堂二季果枝梢、花果管理

① 二季果结果母枝管理（即一季果结果枝冬芽促花芽分化管理）。桂南地区一季果结果枝摘心促花芽分化一般在3月中下旬进行，即新梢展叶8～10张时全园喷施助壮素800～1 000倍液，喷助长素后3天即可按花上留5～6叶摘心促花芽分化。往后每次顶上副芽展叶3～4张反复摘心，直至第一摘心口的冬芽及节间部位的表皮变黄绿色即可回缩修剪至第一摘心口冬芽附近，促第一摘心口冬芽的萌发。并且摘心促花期间每次喷药加入甲哌鎓1 000倍液混合喷施，达到控梢促花的效果（图8-8）。

② 催芽。二季果于5月上中旬视第一摘心口冬芽的老熟情况决定是否需要涂催芽剂，如果准备放新梢时第一剪口节位已经高度木质化，则修剪后人工去除第一摘心口节位叶片，之后用50％单氰胺25～30倍溶液涂抹第一摘心口冬芽。注意涂抹单氰胺溶液前后要保持土壤湿润，确保萌芽早且整齐。

③ 新梢管理。二季果同样在花上展叶4～5张时摘心并同时进行抹芽定梢，每条一季果的结果母枝保留1穗花，新梢上的副梢留2～3叶反复摘心。

④ 花果管理。拉花序。同堂二季果拉花一般在花前1周进行，用12.5毫克/千克赤霉素溶液直接浸泡花穗，同时配合施用平衡水溶肥1～2次。

疏花序、整穗及疏花。花前一周至初花期（7～10天），中庸和壮枝留1穗，弱枝不留穗，同时剪除花穗的副穗，花穗留3～4厘米长为宜。

保果与无核化处理。谢花后2～3天内用25毫克/千克赤霉素＋2毫克/千克氯吡脲溶液浸泡花穗。

疏果。当天工墨玉葡萄果实坐稳果后，果实绿豆粒大小时，进行疏果，疏去果穗上的小粒、病粒、畸形粒和向内向外突出的果粒。

膨大处理。二季果膨果在无核化处理 7～10 天后，用 50 毫克/千克赤霉酸＋3 毫克/千克氯吡脲＋5 000 倍保美灵浸果。具体配比为 40 升水＋5 克 20%赤霉酸＋60 毫升 0.1%氯吡脲＋4 毫升保美灵。

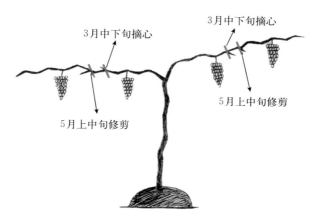

图 8-8　两代同堂枝梢摘心及挂果关键部位

（4）肥水管理

① 施肥。施肥时期应密切结合葡萄的生长发育阶段。萌芽后，随着新梢生长，叶面积逐渐增大，对氮肥的需求迅速增加；随后，浆果生长和发育对氮肥的需求量加大，植株对氮肥的吸收量明显增多；在开花、坐果后，对磷的需求量稳步增加；在浆果生长过程中钾的吸收量逐渐增加，以满足浆果的生长发育需要。12 月底施基肥，每亩施 500 千克腐熟有机肥＋中农富源的保根 120 和多肽海藻（各 75 千克），拉花效果非常好。生物有机肥一般采用沟施，沟深 20～30 厘米，在沟施基肥时可以适量施用一些过磷酸钙及硼砂，以利于开花坐果，一般建议在秋冬季节一次施肥完毕。

第一次膨果肥（谢花末期），结合三元复合肥每亩 30 千克（分 2 次施）；第二次膨果肥（果实迅速膨大期），高钾三元复合肥每亩 30 千克（分 2 次施），配合施用商品液态中微量元素肥，每亩加硝酸铵钙镁 5～10 千克。为了控制新梢促进花芽分化，提高二季果产量，采果后至二季果修剪前停用水肥。二季果施肥时间、用量与一季果相同。

② 水分管理。从萌芽到转色前要注意适当多浇水，花期注意适当控水，果实膨大期每天浇水 1 次，果实 30%转色后就要控制水分，在采收前 2 周停止浇水，以提高果实含糖量。

（5）主要病虫鸟害防治

① 主要病害。

葡萄霜霉病。

症状：主要危害叶片，得病后叶面出现半透明油浸状的淡黄病斑。叶背面长出片状灰白色粉状物，严重时整个叶片枯黄死亡。

发病规律：一般 4～5 月开始发病，7～10 月发病最严重。低温多雨天气更有利于病害发生，此病蔓延较快。

药剂防治：发病前用石灰半量式波尔多液 200 倍液、600 倍科博或大生 M－45（80％可湿性粉剂）800 倍液，每隔 7～10 天喷 1 次。发病期可喷安克、氟吗啉、霜脲氰锰锌或 58％甲霜灵锰锌 400 倍液，50％瑞毒铜 600～800 倍液或 25％甲霜灵 500～600 倍液、300 倍乙磷铝等农药进行治疗。

葡萄白粉病。

症状：危害叶片、新梢、果实。叶片受害时，表面出现灰白色霉斑，生白粉，果粒受害时与叶片相似，将灰白色霉毛抹掉，果皮上有褐色丝状纹。受害果实果粒发硬，易形成裂果，严重影响产量。

发病规律：5 月中下旬开始发病，6～8 月浆果成熟期发病率最高。

药剂防治：发芽前喷 5 波美度石硫合剂，发病时喷 0.2 波美度石硫合剂 2～3 次或 15％三唑酮可湿性粉剂 1 500 倍液，也可喷 50％硫悬浮剂 200～500 倍液，仙生 600～800 倍液。

葡萄炭疽病。

症状：主要危害果实，初发病时，果实上发生水渍状褐色斑纹，病部凹陷，逐步产生黑色小粒点，并有粉红色黏胶状物，此病在果实近成熟时发展迅速。

发病规律：一般在 6～8 月发病，接近成熟期，遇高温多雨天气导致病害流行。

药剂防治：5 月下旬至 6 月上旬在结果母枝和枝蔓及幼果上喷科博可湿性粉剂 600 倍液，炭疽锰锌或 75％百菌清可湿性粉剂 600～800 倍液，硫悬浮剂 800～1 000 倍液均有很好的效果。

葡萄白腐病。

症状：果穗发病时，先从穗轴或梗轴上产生淡褐色水渍状病斑，3～5 天就可蔓延到果粒使果粒变色，软腐脱落。叶片发病时，先从叶边水孔处发病，呈 V 形病斑，像开水烫伤一样，严重时叶片枯死。

发病规律：7～9 月为发病高峰期，多雨年份和冰雹、大风后发病重，严重时能造成绝产。

药剂防治：潜伏期始于 6 月，开花坐果后至果粒封穗前是防治的关键时期。遇暴雨、冰雹后 10 小时后应立即喷药，一般情况下隔 10～15 天喷 1 次药，共 3～5 次。药剂可采用 50％多菌灵 1 000 倍液、70％甲基托布津 1 000 倍液、仙生（62.5％可湿性粉剂）800 倍液等，病害初发时要及时喷布氟硅唑或烯唑醇进行治疗。

葡萄灰霉病。

症状：主要发生在花期和成熟期。但冬季雨水多和春季多雨的地区，早春也侵染葡萄的幼芽、新梢和幼叶。幼芽和新梢受害，会形成褐色病斑，导致干枯。在晚春和花期，叶片上被侵染后会形成大的病斑，一般在叶片的边缘、比较薄的地方，病斑为不规则形状、红褐色。

发病规律：3 月或 7 月上中旬开始发病，果实成熟期最严重，雨多时病情发展快。

药剂防治：萌芽前喷 5 波美度石硫合剂，萌芽期喷保护性杀菌剂：50％腐霉利可湿性粉剂 600 倍液，50％异菌脲可湿性粉剂 1 000～1 500 倍液，25％异菌脲悬浮剂 500～600 倍液。果实膨大期至套袋前喷内吸性杀菌剂：40％嘧霉胺悬浮剂 800～1 000 倍液，50％啶酰菌胺水分散粒剂 1 500 倍液，70％甲基托布津可湿性粉剂 1 000～1 500 倍液，50％速克灵可湿性粉剂 1 000～1 500 倍液等。

② 主要虫害。

葡萄二星叶蝉。属同翅目叶蝉科。

危害：以成虫、幼虫聚集在叶的背面吸食叶片汁液，先从枝蔓基部老叶开始，逐渐向上部叶片蔓延危害。一般不危害嫩叶，叶片出现失绿小白点，严重时全叶失绿，造成早期落叶。每年发生 3～4 代，葡萄整个生长季中都能危害。成虫在枯叶、杂草等外越冬。

防治：加强管理，改善通风透光条件，秋后清扫园内落叶及杂草，彻底烧毁，减少越冬虫源。

药剂防治：在幼虫发生期喷洒触杀性杀虫剂，如 4 000 倍敌杀死、歼灭 4 000～5 000 倍液等。

葡萄红蜘蛛。属叶螨总科细须螨科短须螨属。

危害：以幼虫、成虫先后危害嫩梢、叶片、果实及副梢等，受害处呈现黑褐色斑块，严重时叶片焦枯脱落。果粒受害后，果皮粗糙呈铁锈色，每年可发生 6 代，以雌成虫在老皮裂缝内以及松散的芽鳞绒毛内群集越冬。4 月中下旬越冬雌虫出蛰，可一直危害至 11 月上旬，以 7 月、8 月危害最重。

防治：刮除老树皮，消灭越冬虫。化学防治：春季葡萄展叶前，喷布 3 波美度石硫合剂，生长季喷 0.2～0.3 波美度石硫合剂。

东方盔蚧。属蚧总科坚蚧科坚蚧亚科坚蚧族。

危害：以幼虫和成虫危害枝叶和果实，每年发生2代，以2龄幼虫在枝蔓的裂缝、老皮下及芽鳞覆盖下越冬。3月中下旬开始活动，8月危害最重，10月开始越冬。在危害期间，经常排泄出无色黏液，黏于叶面和果实上，阻碍叶片的光合和呼吸，同时还招致蝇类吸食和霉菌发生，呈现煤烟状污斑，影响果实外观和品质，严重时，枝条枯死，树势衰弱。

防治：春季喷5波美度石硫合剂消灭越冬幼虫，或人工刮治。4月上旬和6月分别用0.5波美度石硫合剂防治。

金龟子类。

危害：此虫种类较多，食性杂，幼虫统称蛴螬，食害根部，是苗期的主要地下害虫。成虫危害嫩芽、叶、花、果实。活动时间长、食量大、危害严重。一年发生一代，以成虫或幼虫越冬。

防治：春季刮除老树皮，消灭越冬虫。秋季深耕，春季浅耕，破坏越冬场所。人工扑杀。利用黑光灯、电灯诱杀。在成虫危害盛期用杀虫剂防治，可用10％歼灭4 000～5 000倍液杀灭。

蓟马。

危害：若虫和成虫锉吸葡萄幼果、嫩叶、枝蔓和新梢的汁液进行危害。幼果受害初期，果面上形成纵向的黑斑，使整穗果粒呈黑色，后期果面形成纵向木栓化褐色锈斑，严重时会引起裂果，降低果实的商品价值。叶片受害后先出现褪绿黄斑，后变小，发生卷曲，甚至干枯，有时还出现穿孔，严重时，甚至嫩梢枯死，树势衰弱。

防治：两季修剪清园时都喷5波美度石硫合剂消灭越冬幼虫，或人工刮治。4月上旬和9月可使用的药剂有72.2％霜霉威盐酸盐水剂800～1 000倍液、40％嘧霉胺800～1 000倍液、20％苯醚甲环唑水分散粒剂1 500倍、3％甲氨基阿维菌素苯甲酸盐1 000倍液和高效氯氟氰菊酯、溴氰菊酯，避免使用易造成药斑残留的药剂，可间隔10～15天喷药1次。

③鸟害。葡萄园鸟害主要是在葡萄成熟期，鸟类对葡萄成熟的果粒进行啄食的现象。危害葡萄园的鸟类种类繁多，南方地区则主要是麻雀。一年中果实上色至成熟期是鸟类危害最严重的时期，幼果发育期至转色前危害较少。在鸟害发生严重时，经常会有成群的鸟类集体侵袭葡萄园。连栋塑料大棚栽培或葡萄园四周围网可有效杜绝鸟害。

防治：常用的防鸟方法有很多，但每种方法不能长期单一使用，各种方法交替使用，效果还是不错的。果穗套袋防鸟：将果实套上果袋，鸟就无法啄食；人工驱鸟：人工捕捉进入果园的鸟类；架设防鸟网：用小孔的尼龙网把果园盖住，这样不会伤害到鸟类，也不影响透光透气性；果园扎稻草人：驱赶鸟类；果园扎红色布条：据有关专家研究发现，喜鹊、麻雀等鸟类比较害怕红色，挂红色布条可起到驱赶作用；驱鸟剂：是一种缓慢持久地释放出一种影响禽鸟神经系统、呼吸系统的特殊清香气味，鸟雀闻后即会飞走，在其记忆期内不会再来的试剂，对鸟类有一定的效果；驱鸟器：设定某种声音，使鸟产生恐惧，不敢来。

（6）自然灾害的防治

① 冻害。南宁地区露地栽培不做任何保暖措施都可安全过冬。但在夏果促早栽培时容易遇上早春寒，也需要采取措施，提高防冻能力。

常用方法有如下几种，可根据具体情况选择。树干涂白：主要对主干、主枝进行涂白，对预防冻害效果很好；果园覆盖：在葡萄基部用作物秸秆、绿肥等进行覆盖，一般覆盖 10～20 厘米；或用塑料薄膜进行覆盖也可，这样可有效提高地温，防止果树冻害的发生，同时要防止秸秆着火；果园熏烟：在有大的寒流到来时进行果园熏烟，提高果园小气候温度。

② 热害。提高结果部位可避免热害的发生：选用棚架、高 V 形架、高宽垂等架式，以提高结果部位，避免因果穗离地太近产生较高的果面温度而诱发日灼病的发生。干旱地区、沙质土壤更应提高结果部位。

加强肥水管理：对土壤干燥的地块，应及时灌水，尤其要注意处于快速膨大期的果实更应加强管理。灌水要选择在地温较低的早晨和傍晚进行，要小水勤灌，避免大水漫灌。改善土壤结构，深翻土壤结合施用有机肥，提高土壤的保水保肥能力。氮肥、磷肥、钾肥要合理搭配施用，避免过多施用速效氮肥，特别要重视钾肥的施用。

培养合理树体与叶幕结构：科学修剪、整枝，保持枝条的均匀分布，及时进行摘心、整枝、缚蔓等。修剪时留足功能叶片数，这样可缓解高温造成的热伤害。

加强田间通风：在葡萄园四周，尤其是夏季主风口和背风口方向尽量不要有高大的围墙或明显挡风作用的篱笆，葡萄树行间不要种植高秆作物；要加强夏季管理，控制氮肥的过量使用，以避免植株过于郁闭，改善田间通风条件，可有效降低热害的发生。

套袋管理：采用尺寸较大的果袋，套袋前加强果穗整理，适当疏除基部副穗，套袋时，将果袋完全撑开，尽量使果实悬挂于果袋中央，避免果穗紧贴果袋。果实套袋应避免在中午高温时进行，尽量选择早、晚气温较低时进行，采前除袋最好选择早晨气温较低时进行。

果实适当庇荫：修剪时注意应适当保留果穗附近的叶片，防止阳光直射果

面引起日灼伤害。

③ 风害。南宁地区 7～9 月容易发生台风，设施栽培是防御风害的有效措施。

④ 水害。南宁地区的雨季一般在 7～8 月，因此挂果期很少遇到水涝灾害，但由于连续下雨，可能会存在雨水倒灌、地下水位高的现象，可用限根栽培解决。如遇到水涝灾害，应及时采取措施，要尽快排水、清理污物，严重时可减果保树，并及时防控灰霉病及霜霉病、对土壤进行消毒，尽可能降低涝害损失、积极恢复生产。

第三节　天工墨玉葡萄在天津的栽培应用

一、基地概况

园区位于天津市武清区天津市农业科学院葡萄研究中心，气候类型属温带半湿润大陆性季风气候，四季分明。春季日照长，干旱、少雨、多风；夏季炎热，降雨集中；秋季昼暖夜凉，温差大；冬季寒冷，北风多，日照少，降水稀少。年平均气温为 11.6 ℃，1 月平均气温为－5.1 ℃，7 月平均气温为 26.1 ℃，极端时段平均低温－14.7 ℃，极端高温 38.2 ℃。日照总时数 2 752 小时，无冰冻霜期 212 天，年均降水量 606 毫米。最大积雪冻土结冰层 61 厘米，结冻期 127 天。平均每年累计最大积雪结冰深度 8 厘米，年平均累计持续沉降风速 2.2 米/秒，主导风向是西南偏东方向西北风，土壤类型为潮土，pH 7.2～8.5。

天津葡萄种植历史悠久，有多家企业、专业合作社规模化生产，新建园区均采用标准化镀锌钢管结构，水肥一体化灌溉系统。也有很多散户自己种植，基本都是采用滴灌系统。

二、引进情况

2018 年春季，国家葡萄产业技术体系天津综合试验站从浙江省农业科学院园艺研究所引进天工墨玉品种，种植于天津市武清区天津市农业科学院葡萄研究中心葡萄基地，该基地采用避雨设施栽培模式，采用高宽垂架形，南北行向，株行距 4.0 米×3.2 米，每亩栽 202 株。

天工墨玉葡萄与其对照品种夏黑葡萄均采用相同的种植管理模式。2019 年开始结果，表现出较对照品种夏黑成熟期更早、果肉更脆、香味更浓等突出优势，经连续 3 年区域试验观察，认为该品种综合性状优异；成熟期早，可溶性固形物含量 18% 以上，品质极优，外观美观、果肉较硬、风味好、不裂果，抗病能力较强，易销售，效益好；在良好设施栽培条件下，花芽分化较稳定，能实现优质、稳产、高效，是一个值得推广的无核高档葡萄早熟新品种（图8-9）。

图8-9　单穗（左）、单株（中）及冬剪（右）

三、种植模式

（1）园址选择　选择地势平坦、背风向阳、土质疏松、排灌方便、土层深厚肥沃的壤土地建园，选择pH为6.0～7.5的微酸性至中性土壤；深耕土地，同时按每亩7 000～8 000千克施基肥。

（2）园地规划与设计　葡萄园设干路与支路。干路宽5.0～6.0米，支路宽3.0～4.0米。根据园地的地形、地貌、土壤条件和排灌设施，把葡萄园划分成不同的区块，根据各区块的具体情况选择品种和相应的栽培管理措施。

（3）设施搭建　避雨棚采用镀锌管钢架结构，单栋大棚的接架为拱形，用聚氯乙烯无滴膜覆盖，单栋大棚高3点、宽6米、长30米，每栋棚顶留有1个通风天窗。单栋大棚管理方便，可根据需要选择行架还是篱架栽培，一般2～3个单栋大棚连合成1个连体大棚。在距地2.0米拱棚肩部设有连接立柱的横梁，每1.5米处设有连结横梁与弯拱的小立柱。纵向上每3.0米设立1根镀锌管立柱，立柱埋入土中0.5～0.7米，每1.0米设置一道弯拱，在距地2.0米处纵向搭建横梁，与各弯拱连结。棚内在距地面2.0米处用钢丝纵横向拉制网格。

（4）架形选择与搭建　为创造良好的通风透光条件及培育标准化树形结构，提倡棚架栽培，结合天工墨玉葡萄品种长势偏旺的特点，优先选择"高宽垂"架形栽培。高是指植株整形时，具有较高的主干；宽是指植株篱架横断面上叶幕的宽度一般在1.3～1.5米，从而行距叶相对较宽；垂是指植株当年生长的新梢不加任何引缚自由悬垂生长。

高宽垂架形搭建为：定植当年，每株选留1条健壮的新梢，直立向上引缚，生长季及时对副梢进行处理，新梢高度达到1.8米时进行摘心，从摘心口

下所抽生的副梢中选择 2 个副梢水平牵引，培养成主蔓。主蔓保持不摘心的状态持续生长，直至封行后再摘心。主蔓叶腋长出的结果枝不摘心，按照 20 厘米的间距选留、与主蔓垂直牵引，长度达到 1.0 米左右后，枝条下放，自然下垂生长，垂下来的枝条 1.0 米左右摘心。

（5）栽植　苗木长势中庸以上，根系发达，适应性好，花芽分化稳定。3～4 月出苗移栽。栽植行向为南北向，栽培株距为 4 米，行距为 3.2 米。定植前将苗木根系适当剪去一部分，保留 10～15 厘米根系，用清水浸泡 15 小时左右，使苗木充分吸水，然后用配好的生根粉蘸根处理。栽植时使根系向四周伸展，填土踩实、浇水。

四、种植表现

（1）物候期

2018 年，定植天工墨玉葡萄与其对照夏黑葡萄，2019 年挂果，并表现出正常物候期。其中天工墨玉葡萄 4 月上旬萌芽、5 月中旬开花、7 月底开始采收，从萌芽至浆果成熟需 112 天左右，比夏黑葡萄早 6～7 天成熟，早熟性状明显（表 8-7），对适当填补天津葡萄早熟市场空缺及提升鲜果销售价格起到积极推动作用。

表 8-7　主要物候期调查

品种	年份	萌芽期	开花期	果实转色期	成熟期	萌芽到果实成熟天数（天）
天工墨玉	2019	4 月 9 日	5 月 13 日	6 月 23 日	7 月 31 日	113
	2020	4 月 4 日	5 月 9 日	6 月 18 日	7 月 23 日	110
夏黑	2019	4 月 9 日	5 月 15 日	6 月 26 日	8 月 6 日	119
	2020	4 月 4 日	5 月 11 日	6 月 22 日	7 月 30 日	117

（2）生长结果习性　从生长结果习性来看，天工墨玉葡萄植株生长势强，花芽分化好，冬芽萌发率平均为 96.25%，结果枝率为 100%，每果枝平均花穗数 2 个，平均株产 32.75 千克，亩产 1 834 千克，产量略高于夏黑葡萄（表 8-8）。

表 8-8　结果性状及产量情况

品种	年份	萌芽率（%）	结果枝数（个/株）	株产（千克）	亩产（千克）
天工墨玉	2019	95.50	42.00	30.70	1 719.20
	2020	97.00	48.00	34.80	1 948.80
	平均	96.25	45.00	32.75	1 834.00

（续）

品种	年份	萌芽率（%）	结果枝数（个/株）	株产（千克）	亩产（千克）
夏黑	2019	94.00	42.00	29.90	1 674.40
	2020	94.50	48.00	33.30	1 864.80
	平均	94.25	45.00	31.60	1 769.60

（3）果实经济性状　从表8-9可以看出，天工墨玉葡萄对比夏黑葡萄，穗型、果型、果皮颜色和香气差异不大，维生素C含量相当，但天工墨玉葡萄穗质量484.00克，粒质量6.48克，均大于夏黑葡萄，且酸度低、口感香甜。两个品种果实外观表现与风味有明显的不同，天工墨玉葡萄色泽鲜亮，果粉厚，有草莓香气，香甜汁多，无裂果；夏黑葡萄着色较慢，果皮有苦涩味，草莓香气弱，而且有少量裂果。在天津"高宽垂"架式下，天工墨玉葡萄着色比夏黑葡萄略早，糖度略高，且穗粒整齐（表8-9）。因此，避雨栽培条件下，天工墨玉葡萄的综合品质明显高于夏黑葡萄。总体认为，天工墨玉葡萄穗美质优，商品性更好。

表8-9　果实品质表现

品种	年份	穗质量（克）	粒质量（克）	可溶性固形物（%）	可滴定酸（%）	维生素C（毫克/千克）	裂果情况
天工墨玉	2019	428.80	6.21	19.20	1.23	30.70	无
	2020	539.20	6.74	20.10	1.26	31.50	无
	平均	484.00	6.48	19.65	1.25	31.10	无
夏黑	2019	382.50	5.68	18.60	1.80	30.23	少量
	2020	480.40	6.03	18.90	1.98	29.57	无
	平均	431.45	5.86	18.75	1.71	28.96	少量

（4）抗病性表现　天工墨玉葡萄表现出较强的抗性，具备一定的抗寒性，适宜于黏土、潮土及盐碱地等多种土壤类型种植。霜霉病、灰霉病等病害发生较轻、抗逆性强，较能适应北方气候及环境，适宜在天津避雨设施栽培。

（5）经济效益　按照当地园区天工墨玉葡萄采摘价格30元/千克，平均亩产1 800千克计算，亩效益可达54 000元，扣除成本，亩收入40 000元左右，经济效益可观。

五、生产管理

（1）枝蔓管理

① 幼树。第1年幼树留1根新梢向上生长，待长到1.7～1.8米摘心，副梢留1叶摘心增加叶面积以促使树冠的快速形成。

② 结果树。结果树在2月下旬抹芽定梢，每个芽眼只保留一个强壮的芽。3月中旬8叶左右第1次摘心，留顶副梢，其余副梢全部去除并绝后摘心，待顶副梢长至3叶后留2叶摘心，以后项副梢长至7叶后留6叶摘心，强旺枝留果穗1串，弱枝不留果。

③ 整形修剪。植株有一主干，高一般在1.8～2.0米，在其顶端篱架方向分出双臂（每臂2米），绑在第一道铁丝上，在每一臂上均匀分布有12～18个结果枝。在第一道铁丝上方（0.15米）处，拉第二道铁丝，在第二道铁丝上方（0.05米）处，拉数条铁丝（平行），相距0.3米，可引缚结果枝，让大部分新梢随着生长自然下垂（下垂长度为1米）（图8-10）。

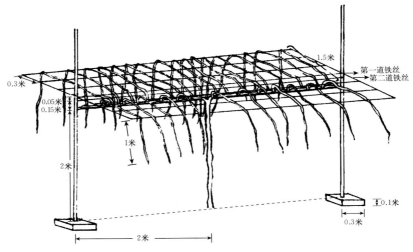

图8-10　天工墨玉葡萄树形

（2）花果管理

① 拉花序。一般花序长到7～10厘米时，即萌芽后20～25天，开花前20天左右为宜。用5毫克/千克赤霉素喷花序。

② 疏花序、整穗及疏花。花前1周—初花期（7～10天），中庸果枝和壮枝留1穗，弱枝不留穗。留下的花序，摘去主穗前端1/5～1/4。

③ 保果与无核化处理。盛花末用20毫克/千克的赤霉素＋15毫克/千克的防落素浸花。

④ 疏果。当天工墨玉葡萄果实坐果后，大概绿豆粒大小时，进行疏果，疏去果穗上的小粒、病粒、畸形粒和向内向外突出的果粒。

⑤ 膨大处理。保果与无核化处理15天后，25毫克/千克赤霉酸＋5毫克/千克氯吡脲＋5 000倍保美灵浸果。具体配比：40升水＋2.5克20%赤霉酸＋

100 毫升 0.1% 氯吡脲＋4 毫升保美灵。

⑥ 定轴长。天工墨玉葡萄开花前 1 周左右，选留花穗基部的 12～15 个小花穗（长 9～10 厘米，小花数 300～350 个）。

⑦ 套袋。套袋的时间一般在葡萄开花后 20～30 天，即疏果后果实玉米粒大小时进行，套袋前必须喷 1 次杀菌剂和杀虫剂（两剂混用）防止病虫在袋内危害，待药液干后立即套袋。套袋作业在晴天的 9:00～11:00 和 14:00～18:00 进行。套袋前和套袋期间，不要环状剥皮，以免发生日灼果。

⑧ 采摘。在 7 月中下旬，果实颜色蓝黑，有浓郁草莓香味，可溶性固形物达到 18% 以上即可陆续采摘。

（3）肥水管理

① 施肥。施肥时期应密切结合葡萄的生长发育阶段。萌芽后，随着新梢生长，叶面积逐渐增大，对氮肥的需求迅速增加；随后，浆果生长和发育对氮肥的需求量加大，植株对氮肥的吸收量明显增多；在开花、坐果后，磷的需求量稳步增加；在浆果生长过程中钾的吸收量逐渐增加，以满足浆果的生长发育需要。9 月底至 11 月上旬施基肥，每亩施用畜禽肥 1.0～1.5 吨或商品肥 0.5～1.0 吨、钙肥 50～75 千克，镁肥、锌肥、硼肥各 2 千克。第 1 次膨果肥（谢花末期），结合三元复合肥每亩 30 千克（分 2 次施）；第 2 次膨果肥（果实开始着色）施腐熟鸡粪或饼肥每亩 200 千克，每亩加硫酸钾 10～15 千克。采果后每亩施氮磷二元复合肥 5～10 千克。

② 水分管理。从定植到 6 月中旬，要浇 5 次水，到 6 月底果实完成转色后就要控制水分。在灌水过程中，尽量满足不同生育期对水分的需求，降低棚内空气湿度，以减少病害的发生。灌水应根据土壤、气候和葡萄生长等情况而定。冬季在覆棚前 1 周浇 1 次透水，以后分别在萌芽期浇 1 水、花前 1 水、果实膨大期 2 水，在采收前 2 周停止浇水，以提高果实含糖量。

（4）主要病虫鸟害防治

① 主要病害。

葡萄霜霉病。

症状：主要危害叶片，得病后叶面出现半透明油浸状的淡黄病斑。叶背面长出片状灰白色粉状物，严重时整个叶片枯黄死亡。

发病规律：一般 6～7 月开始发病，8～9 月发病最严重。低温多雨天气更有利于病害发生，此病蔓延较快。

药剂防治：发病前用石灰半量式波尔多液 200 倍液、600 倍科博或大生 M-45（80% 可湿性粉剂）800 倍液，每隔 7～10 天喷 1 次。发病期可喷安克、氟吗啉、霜脲氰锰锌或 58% 甲霜灵锰锌 400 倍液，50% 瑞毒铜 600～800

倍液或 25％甲霜灵 500～600 倍液、300 倍乙磷铝等农药进行治疗。

葡萄白粉病。

症状：危害叶片、新梢、果实。叶片受害时，表面出现灰白色霉斑，上生白粉，果粒受害时与叶片相似，将灰白色霉毛抹掉，果皮上有褐色丝状纹。受害果实果粒发硬，易形成裂果，严重影响产量。

发病规律：6 月中下旬开始发病，7 月、8 月浆果成熟期发病率最高。

药剂防治：发芽前喷 5 波美度石硫合剂，发病时喷 0.2 波美度石硫合剂 2～3 次或 15％三唑酮 1 500 倍液，也可喷 50％硫悬浮剂 200～500 倍液、仙生 600～800 倍液。

葡萄炭疽病。

症状：主要危害果实，初发病时，果实上发生水渍状褐色斑纹，病部凹陷，逐步产生黑色小粒点，并有粉红色黏胶状物，此病在果实近成熟时发展迅速。

发病规律：一般从 6 月下旬至 7 月上旬开始发病，接近成熟期，遇高温多雨天气导致病害流行。

药剂防治：5 月下旬至 6 月上旬在结果母枝和枝蔓及幼果上喷科博 600 倍液，炭疽锰锌或 75％百菌清 600～800 倍液、硫悬浮剂 800～1 000 倍液均有很好的效果。

葡萄白腐病。

症状：果穗发病时，先从穗轴或梗轴上产生淡褐色水渍状病斑，3～5 天就可蔓延到果粒使果粒变色，软腐脱落。叶片发病时，先从叶边水孔处发病，呈 V 形病斑，像开水烫伤一样，严重时叶片枯死。

发病规律：8～9 月为发病高峰期，多雨年份和冰雹、大风后发病重，严重时能造成绝产。

药剂防治：潜伏期始于 6 月，开花坐果后至果粒封穗前是防治的关键时期。遇暴雨、冰雹后 10 小时后应立即喷药，一般情况下隔 10～15 天喷 1 次药，共 3～5 次。药剂可采用 600 倍科博、福美双、50％多菌灵 1 000 倍液、70％甲基托布津 1 000 倍液、仙生 800 倍液，病害初发时要及时喷布氟硅唑或烯唑醇进行治疗。

葡萄黑痘病。

症状：在幼枝、幼果和幼叶片上发生圆形淡红色斑点后呈现为梭形，在果实上发生的病斑凹陷，使果实硬化、畸形，不能成熟。

发病规律：6 月上旬开始发病，7 月上中旬最重，雨多时病情发展快。

药剂防治：萌芽前喷 5 波美度石硫合剂，花前或花后喷波尔多液或大生

M-45，发病初期也可喷烯唑醇、世高、霉能灵以及 40％多菌灵 800～1 000 倍液或仙生 800 倍液。

② 主要虫害。

葡萄二星叶蝉。属同翅目叶蝉科。

危害：以成虫、幼虫聚集在叶的背面吸食叶片汁液，先从枝蔓基部老叶开始，逐渐向上部叶片蔓延危害。一般不危害嫩叶，叶片出现失绿小白点，严重时全叶失绿，造成早期落叶。每年发生 3～4 代，葡萄整个生长季中都能危害。成虫在枯叶、杂草等外越冬。

防治：加强管理，改善通风透光条件，秋后清扫园内落叶及杂草，彻底烧毁，减少越冬虫源。

药剂防治：在幼虫发生期喷洒触杀性杀虫剂，如 4 000 倍敌杀死、歼灭 4 000～5 000 倍液等。

葡萄红蜘蛛。属叶螨总科细须螨科短须螨属。

危害：以幼虫、成虫先后危害嫩梢、叶片、果灾及副梢等，受害处呈现黑褐色斑块，严重时叶片焦枯脱落。果粒受害后，果皮粗糙呈铁锈色，每年可发生 6 代，以雌成虫在老皮裂缝内以及松散的芽鳞绒毛内群集越冬。4 月中下旬越冬雌虫出蛰，可一直危害至 11 月上旬，以 7 月、8 月危害最重。

防治：刮除老树皮，消灭越冬虫。化学防治：春季葡萄展叶前，喷布 3 波美度石硫合剂，生长季喷 0.2～0.3 波美度石硫合剂。

东方盔蚧。属蚧总科坚蚧科坚蚧亚科坚蚧族。

危害：以幼虫和成虫危害枝叶和果实，每年发生 2 代，以 2 龄幼虫在枝蔓的裂缝、老皮下及芽鳞覆盖下越冬。3 月中下旬开始活动，8 月危害最重，10 月开始越冬。在危害期间，经常排泄出无色黏液，黏于叶面和果实上，阻碍叶片的光合和呼吸，同时还招致蝇类吸食和霉菌发生，呈现煤烟状污斑，影响果实外观和品质，严重时枝条枯死，树势衰弱。

防治：春季，喷 5 波美度石硫合剂消灭越冬幼虫，或人工刮治。4 月上旬和 6 月分别用 0.5 波美度石硫合剂防治。

金龟子类。

危害：此虫种类较多，食性杂，幼虫统称蛴螬，食害根部，是苗期的主要地下害虫。成虫危害嫩芽、叶、花、果实。活动时间长、食量大、危害严重。一年发生 1 代，以成虫或幼虫越冬。

防治：春季刮除老树皮，消灭越冬虫。秋季深耕，春季浅耕，破坏越冬场所。人工扑杀。利用黑光灯、电灯诱杀。在成虫危害盛期用杀虫剂防治，可用 10％歼灭 4 000～5 000 倍液杀灭。

③ 鸟害。葡萄园鸟害主要是在葡萄生长期，鸟类对葡萄嫩叶、嫩枝、花序和成熟的果粒进行啄食。危害葡萄园的鸟类种类繁多，天津地区则主要是麻雀、灰喜鹊。一年中果实上色至成熟期是鸟类危害最严重的时期，其次是发芽初期至开花期，危害较少的时期为幼果发育期至转色前。一天中有 2 个危害高峰期，即黎明和傍晚前后，黎明危害的鸟类主要是麻雀和山雀，傍晚危害主要是灰喜鹊、白头翁等。在鸟害发生严重时，经常会有成群的鸟类集体侵袭葡萄园。连栋塑料大棚栽培可有效杜绝鸟害。

防治：常用的防鸟方法有很多，每种方法不能长期单一使用，各种方法交替使用，效果还是不错的。果穗套袋防鸟：将果实套上果袋，鸟就无法啄食。人工驱鸟：人工捕捉进入果园的鸟类。架设防鸟网：用小孔的尼龙网把果园盖住，这样不会伤害到鸟类，也不影响透光透气性。果园扎稻草人：驱赶鸟类。果园扎红色布条：据有关专家研究发现，喜鹊、麻雀等鸟类比较害怕红色，挂红色布条可起到驱赶作用。驱鸟剂：是一种缓慢持久地释放出一种影响禽鸟神经系统、呼吸系统的特殊清香气味，鸟雀闻后即会飞走，在其记忆期内不会再来的试剂，对鸟类有一定的效果。驱鸟器：设定某种声音，使鸟产生恐惧，不敢来。

（5）冻、热、风、水等自然灾害的防治

① 冻害。在天津地区冬季塑料大棚内不需下架埋土，可安全过冬。但在遇极端寒冷年份时，也需要采取措施，提高防冻能力。

常用方法有如下几种，可根据具体情况选择。树干涂白：主要对主干、主蔓进行涂白，对预防冻害效果很好。葡萄园覆盖：在葡萄基部用作物秸秆、绿肥等进行覆盖，一般覆盖 10～20 厘米；或用塑料薄膜进行覆盖也可。这样可有效提高地温，防止果树冻害的发生。同时要防止秸秆着火。葡萄园熏烟：在有大的寒流到来时进行果园熏烟，提高果园小气候温度。下大雪后要及时清理积雪，防止消雪降温使果树产生冻害。喷防冻剂：霜冻来临前或清园时喷防冻剂。防冻剂的成分主要有糖、尿素、赤霉素、含硼的微量元素加少量激素，也可自配。通风吹风：通风好、风力大的果园没有霜冻。低洼地果园冻害严重。如果有条件，霜冻来临可用大型吹风机驱散聚集在果园的冷空气，从而避免树体受冻。树体包扎：根据天气变化，在寒流到来前，用稻草绳、干草或缠绕主干、主枝，或用裹树布包好树干。灌封冻水：利用水结冰降温时放出大量潜热的原理，在封冻前土壤"夜冻昼化"时对果树进行灌透水或在冻害将发生时喷水，使地温保持相对稳定，从而减轻冻害；未灌冻水的，应及时在雪后封冻前对果树灌足冬水，既可促进果树生长发育，又使寒冬期间地温保持相对稳定，从而减轻冻害。根颈培土：方法是用细潮土围根干基部培土堆，土堆高出地面

30～40厘米即可，也可在根干北面培50～60厘米高的月牙形土埂，来改变根体周围的小气候条件，以提高地温，减少冻害。

② 热害。提高结果部位可避免热害的发生：选用棚架、V形架等架式，以提高结果部位，避免因果穗离地太近产生较高的果面温度而诱发日灼病的发生。干旱地区、沙质土壤更应提高结果部位。加强肥水管理：对土壤干燥的地块，应及时灌水，尤其要注意处于快速膨大期的果实更应加强管理。灌水要选择在地温较低的早晨和傍晚进行，要小水勤灌，避免大水漫灌。改善土壤结构，深翻土壤结合施用有机肥，提高土壤的保水保肥能力。氮肥、磷肥、钾肥要合理搭配施用，避免过多施用速效氮肥，特别要重视钾肥的施用。培养合理树体与叶幕结构：科学修剪、整枝，保持枝条的均匀分布，及时进行摘心、整枝、缚蔓等。修剪时留足功能叶片数，这样可缓解高温造成的热伤害。加强田间通风：在葡萄园四周，尤其是夏季主风口和背风口方向尽量不要有高大的围墙或明显挡风作用的篱笆，葡萄树行间不要种植高秆作物；要加强夏季管理，控制氮肥的过量使用，以避免植株过于郁闭，改善田间通风条件，可有效降低热害的发生。套袋管理：采用尺寸较大的果袋，套袋前加强果穗整理，适当疏除基部副穗，套袋时，将果袋完全撑开，尽量使果实悬挂于果袋中央，避免果穗紧贴果袋。果实套袋应避免在中午高温时进行，尽量选择早、晚气温较低时进行，采前除袋最好选择早晨气温较低时进行。果实适当遮阳：修剪时注意应适当保留果穗附近的叶片，防止阳光直射果面引起日灼伤害。

③ 风害。天津地区，在葡萄生产上，几乎没有遇到过风害，尤其是在设施栽培中。设施栽培是防御风害的有效措施。

④ 水害。天津很少遇到水涝灾害，但由于连续下雨，可能会存在雨水倒灌、地下水位高的现象，可用堆高土、围限根器的方法解决。如遇到水涝灾害，应及时采取措施，要尽快排水、清理污物，严重时可减果保树，并及时防控灰霉病及霜霉病、对土壤进行消毒，尽可能降低涝害损失、积极恢复生产。

第四节　天工墨玉葡萄在辽宁营口的栽培应用

一、基地概况

试验地位于辽宁省熊岳城辽宁省果树科学研究所葡萄核心试验园，该地区四季分明，雨热同季，气候温和，降水适中，光照充足。据营口经济技术开发区气象局数据显示，2016—2020年5年间该地区年平均气温为10.5℃，最高

气温为 36.8 ℃，最低气温为－24.2 ℃，年日照时数为 2 885.7 小时，年降水量为 583 毫米。≥10 ℃的有效积温约为 3 600 ℃，全年无霜期 167 天，初霜期在 10 月中下旬，终霜期在 4 月上中旬。土壤为棕壤或沙壤土，pH 为 6.5～7.1，有机质含量为 1%～1.5%，土壤肥力中等。

基地所在地熊岳镇原归属盖州市，后被划到鲅鱼圈区。盖州市约有葡萄面积 0.7 万公顷，主要品种为巨峰，占 80% 以上，其他品种有辽峰、红地球、无核白鸡心等，巨峰多为露地栽培，红地球和无核白鸡心等则主要为设施栽培。

二、引进情况

2018 年 3 月，国家葡萄产业技术体系熊岳综合试验站从浙江省农业科学院园艺研究所引进该品种，种植于辽宁省果树科学研究所核心示范区内，露地栽培，小棚架，东西行向，南北爬蔓，株行距 1.0 米×4.0 米，每亩栽 165 株。天工墨玉葡萄与其对照夏黑葡萄均采用相同的种植管理模式。第二年结果，表现出比夏黑葡萄成熟期更早、效益高的突出优势。

三、种植模式

（1）园址选择　根据天工墨玉葡萄的生长特点及对环境条件的要求，地势应选择开阔平坦、背风向阳、水源充足、地下水位在 1.2 米以下、排水良好的地块；选择土层较厚、疏松肥沃的壤土或沙壤土，一般避免在过于黏重、重度盐碱地、沼泽地建园。

（2）园地规划与设计　面积较大的葡萄园在园址选定后，需要对葡萄园进行整体的规划和设计。园地可划分为大区和小区。小区是作业区，大区以园内主道为边界且与园外公路相连。大葡萄园的主道，贯穿葡萄园的中心部位，与园外公路相连，宽 6～8 米；小区间设支道，通行大型农机具和运输车辆，宽 4～6 米；小区内和小区间设作业道，不用修筑永久路面或在葡萄架下简单修筑，宽 4～5 米。如果进行设施栽培，按设施建设和规划进行。较大面积的葡萄园，灌水、排水都由主渠、支渠和毛渠 3 级自成系统。有条件的地方可设置地下管道或实行滴灌、渗灌。

（3）栽培模式和架形选择　根据天工墨玉葡萄的生长发育及抗性特点，在辽宁地区可进行设施栽培，包括日光温室、塑料大棚及避雨栽培，也可在降水量较少的辽西和辽南部分地区进行露地栽培（图 8-11）。

① 日光温室栽培。日光温室栽培可采用篱架，水平龙干 V 形叶幕，采后修剪采用平茬或超短梢更新的模式；也可采用棚架，水平龙干，水平叶幕，采

日光温室

棚架栽培

飞鸟形叶幕

水平叶幕

图 8-11　天工墨玉葡萄种植模式

后修剪采用超短梢更新的模式。

　　② 大棚、避雨、露地栽培。宜采用棚架栽培，水平叶幕或飞鸟形叶幕。

　　（4）架形搭建　篱架，水平龙干 V 形叶幕栽培模式，每行的南北两端立 Y 形支架，架高 2 米，分支位置为距地面 1 米，温室南侧架高和分支点高度可根据温室棚面高度进行适当调整，分叉角度为 80°～90°，南北支架分支点拉铁线用于绑缚主蔓，在分叉以上约隔 30 厘米处拉铁线用于缠缚结果新梢。

　　棚架，水平叶幕形和飞鸟形叶幕的搭建，按行距立柱，行向上隔 4 米左右，立柱架高一般为 2 米，四角设角柱，延行向柱顶拉较粗的钢绞线，为承重线。并按准备爬缚的主蔓位置拉较粗铁线，与其平行按 30 厘米左右距离拉较

细铁线用于绑缚新梢。

（5）栽植

① 栽前准备

挖定植沟。定植沟一般深、宽各 40～60 厘米，按土质的好坏而定。挖定植沟时将表土和心土分别放置在两侧，沟底放 10 厘米左右的农作物秸秆，如玉米秸、麦秸等，其上部用农家有机肥与表土混合回填，用心土在定植沟两侧筑埂，灌水沉实后再行定植。

苗木选择。苗木的质量决定葡萄园树体的整齐度和产量，所以苗木的选择至关重要。选择品种纯度在 95％以上的一级苗。而嫁接苗还应注意砧木的种类、砧木和接穗的愈合程度，是否完全愈合。在定植前应进行修剪，一般苗干保留 3～4 个成熟饱满芽，侧根 20 厘米左右短截，在清水中浸泡 12～24 小时，充分吸水后可提高成活率。

② 栽植时间。辽宁省葡萄建园宜春天栽植，当 20 厘米土温达 10 ℃以上时，一般在 5 月 1 日前后。塑料大棚或日光温室中的棚架栽培可适当早栽，一般在 3 月末左右。

③ 栽植密度与行向。篱架，水平龙干 V 形叶幕栽培模式，南北行向，株行距为 0.5 米×2.0 米。棚架，水平叶幕形和飞鸟形叶幕，南北行向，主蔓方向与行向垂直时，株行距分别为 0.5 米×（3.5～4.0）米，单行栽植。主蔓方向与行向一致时，株行距为 1 米×（2～3）米。

④ 栽植方法。在定植沟中心线上按株距挖深、宽各 30 厘米的栽植穴，穴底部培成中高边低的半圆形土堆，然后手提苗木放在穴中，使根系均匀舒展分布于土堆上，将土覆盖根系，边覆土边轻提苗，使根系与土壤密接，并使根颈所处高度与地面平齐。嫁接苗不宜栽植过深，覆土应在嫁接口以下，并且要斜向枝蔓下架的方向，最后踩实、浇水、封穴。封穴后，平整池面，用黑色地膜进行覆盖。

⑤ 栽后管理。当定植苗芽眼萌发后，除萌、抹芽。除选留的新梢作主蔓以外，砧木上的萌芽和多余的新梢应及时抹除。当选留的新梢长到 30～40 厘米时，设立竹竿或搭架，进行引缚，以后新梢每长 30～40 厘米引缚 1 次。苗期需水量大，当土壤出现稍旱时即需灌水。当新梢长达 20 厘米以上要施速效氮肥，以单株施用 50 克左右为好。施肥后灌水，同时进行松土、除草，及时防治病虫害。

四、种植表现

（1）物候期 对天工墨玉葡萄及其亲本夏黑葡萄的物候期调查表明，在辽宁熊岳地区露地栽培条件下，天工墨玉葡萄4月下旬萌芽，6月初始花，7月上中旬开始着色，8月初果实充分成熟，11月初落叶。整体上，物候期比夏黑葡萄提前，成熟期比夏黑葡萄提前10天以上（表8-10）。

表8-10　2019—2020年天工墨玉葡萄和夏黑葡萄在熊岳地区主要物候期

品种	年份	萌芽期	始花期	着色期	成熟期
天工墨玉	2019	4月22日	6月6日	7月8日	8月3日
	2020	4月23日	6月8日	7月11日	8月5日
夏黑	2019	4月23日	6月8日	7月17日	8月14日
	2020	4月25日	6月11日	7月21日	8月16日

（2）生长结果习性　天工墨玉葡萄在辽宁熊岳地区表现树势中庸偏强，萌芽率较高，花芽分化好，坐果率较高，花序结果位置多在新梢的第3～5节。由表8-11可以看出，天工墨玉葡萄萌芽率80.5%～83.2%，结果枝率80.9%～85.3%，结果系数1.41～1.48。北方露地可采用株行距为（0.5～1）米×4米的小棚架式栽培，产量控制在1 500千克/亩左右。总体上看，天工墨玉葡萄生长结果习性与夏黑葡萄相近。

表8-11　天工墨玉葡萄和夏黑葡萄在熊岳地区不同年份生长结果习性

品种	年份	萌芽率（%）	结果枝率（%）	结果系数
天工墨玉	2019	80.5	80.9	1.41
	2020	83.2	85.3	1.48
夏黑	2019	81.3	81.2	1.35
	2020	85.7	82.1	1.42

（3）果实主要经济性状　天工墨玉葡萄果穗圆柱形，大小整齐，2019年和2020年果实经过赤霉素处理后单果重分别为6.14克和6.61克，平均穗重分别为496.5克和528.9克，果粒近圆形，大小整齐均匀。果皮蓝黑色、厚而脆，果粉较厚，果肉硬脆，无肉囊，果皮和果肉不分离，不裂果，且挂果时间较长。甜酸适口，可溶性固形物分别为19.6%和19.8%，可滴定酸含量分别为0.50%和0.47%（图8-12、表8-12）。

图8-12　单　果

表8-12　天工墨玉葡萄与夏黑葡萄果实主要经济性状

品种	年份	果穗形状	穗重（克）	粒重（克）	可溶性固形物（%）	可滴定酸含量（%）	果皮颜色	果粒形状	肉质	果皮韧度
天工墨玉	2019	圆柱	496.5	6.14	19.6	0.50	蓝黑色	近圆	硬	脆
	2020	圆柱	528.9	6.61	19.8	0.47	蓝黑色	近圆	硬	脆
夏黑	2019	圆柱	479.2	6.03	17.3	0.52	紫黑色	近圆	硬	脆
	2020	圆柱	531.2	6.97	18.4	0.51	紫黑色	近圆	硬	脆

（4）适应性和抗病性　天工墨玉葡萄在辽宁熊岳地区适应性较好，常规管理条件下，能较好表现出该品种特性，果品质量优良；抗病性较强，露地栽培未见白粉病、灰霉病、白腐病、黑痘病发生，2020年因雨水较大，偶有霜霉病发生。虫害主要是蓟马和叶蝉，生长关键时期需要重点防治以上常见病虫害。

五、生产管理

（1）枝蔓管理

①幼树。定植的苗木萌芽后，要及时抹除品种和砧木上的萌蘖，保留2个萌发健壮芽，当新梢长到20～30厘米，保留1个新梢。定梢后，对新梢进行固定，并随着新梢的生长及时绑缚、去卷须。当主梢长到预留高度时或立秋时，对主梢进行摘心，然后保留先端1～2个副梢，再发二次及以上副梢留1～2片叶反复摘心，最后剪留摘心处的下1～2个节位。

②结果树。

打破休眠：温室或塑料大棚栽培条件下，为了确保萌芽整齐，可在萌芽前涂抹或喷施破眠剂。采用荣芽（50%单氰胺）30倍液涂抹除顶芽外的所有芽眼，促使葡萄萌芽整齐，成花坐果状况良好。

抹芽定梢：在葡萄萌芽后10～15天分次进行抹芽。选留健壮、位置好的芽；抹去无用芽、过密芽、弱芽和位置不当的芽。定梢在新梢花序出现并能分辨花序大小时进行。定枝后的新梢间距在20厘米左右，每亩留新梢量3 500～4 000条。新梢长度超过25厘米后，分批绑缚，使新梢在架面上均匀分布。

新梢管理：结果枝摘心，一般在花序以上保留3～5片叶摘心。摘心后，除顶端副梢延长生长，其余副梢抹除，顶端副梢长到3～5片叶摘心，顶端副梢留1片叶反复摘心，最后保留果穗上叶片在10片叶左右；营养梢摘心，可保留6～8片叶摘心，其上副梢留1片叶反复摘心；延长梢摘心，主蔓延长梢可根据当年预计的冬剪剪留长度和生长期的长短适时摘心，其上副梢留1片叶反复摘心。

③ 整形修剪。

修剪时间：辽宁葡萄冬季修剪一般露地栽培情况下在落叶后进行，日光温室和塑料大棚可推迟 1~2 周，一般在 10 月末以前完成。

修剪方式：一般选留 2~3 芽短梢修剪，每平方米架面留结果枝组 10 个左右。修剪时结果母枝选留长势中庸健壮、芽眼饱满、成熟度好，靠近主蔓的枝条作预备枝或结果母枝。修剪时距芽 1.0~1.5 厘米剪截；疏枝时应从基部剪除。

（2）花果管理

① 拉花序。因天工墨玉葡萄果实着生紧密，不进行膨大处理果实较小，商品价值低，因此，必须进行拉花序处理，抻长果穗，保证果实生长空间。在开花前 10~15 天进行拉花序处理，处理方式为浓度 10 毫克/升赤霉素蘸穗。

② 疏花序、整穗及疏花。合理控制产量，每亩留果穗 4 000 个左右，于开花前视树势具体情况，疏去多余的花穗，原则上一梢一穗，个别强梢留 2 穗，全部疏去第三穗。因天工墨玉葡萄花序过长，初花需要进行修穗，去除花序上部小穗，保留穗尖 5~7 厘米即可。

③ 保果与无核化处理。花前控氮与结果枝合理摘心，控制新梢旺长，使养分供应开花结果，落花后 3 天结合无核化处理用 50 毫克/升赤霉素＋2 毫克/升的氯吡脲进行蘸穗处理，既可以起保果作用，又可无核化处理和膨大作用。

④ 疏果。天工墨玉葡萄果粒着生紧密，建议疏果，疏果时保留外层果，疏除向内生长、过密的果粒，保留果实生长空间，可于盛花期、坐果期酌情浇小水，促其适度落花落果。

⑤ 膨大处理。在第一次无核化处理后 12 天左右，用 50 毫克/升赤霉素＋2 毫克/升的氯吡脲进行蘸穗处理，促使果粒膨大。

⑥ 定轴长。天工墨玉葡萄见花时进行，保果和膨大处理使用氯吡脲时，选留穗尖 13~15 个小花穗（长 5~7 厘米）。不使用氯吡脲情况下可长留，留 15~18 个小花穗（长 7~9 厘米）。也可根据市场情况而定，需要大穗形的，可长留。

⑦ 套袋。套袋时间：在果实第一次膨大期开始之后、果穗整形完成后，既可以套袋。

⑧ 采摘。果实充分表现出该品种固有的色、香、味即可采收。采收过早，含糖量低、酸度大，品质低劣。采收过晚，果实失水干缩，影响储运性。采收前就应对产量和采收日期进行估计，提前准备好采收工具和包装器材等。葡萄浆果成熟时皮薄、肉软、多汁，采收时剪、拿、放等各个环节动作都要轻。先

用手握住果穗，用疏果剪在果穗上 3～5 厘米处剪断即可。

⑨ 批发和快递销售。果实采收后应就地进行分级包装，按大小、着色程度等进行分级，装入果箱（硬纸板箱或塑料泡沫箱）并贴上标签待售。

（3）肥水管理

① 施肥。

幼树施肥：一般在苗期，当新梢长到 30 厘米左右时，以速效氮肥为主，亩施尿素 10 千克；立秋前 15 天左右，施用三元复合肥 15 千克；立秋后结合秋施基肥加施磷钾肥 15～20 千克。

结果树施肥：萌芽肥结合春施基肥进行，萌芽前半个月施入，以速效氮肥为主。每亩施入优质农家肥 2～3 米^3 或 2 000 千克有机肥，同时，每亩加入 EM 菌肥 1.5～2.0 千克、过磷酸钙 50 千克，充分拌匀。施入的基肥要用土掺匀，然后覆土，追肥后立即灌水。树势旺的情况下可不施萌芽肥；花前肥，以磷、钾肥为主，配合少量氮肥；膨果肥，在果实膨大期需要追施 1 次膨果肥，每亩追施氮磷钾复合肥 30 千克。着色肥，此时果实开始软化着色，主要补充钾肥及适量磷肥，每亩约施 30 千克。

② 水分管理。葡萄萌芽前、新梢生长期、幼果膨大期、温室栽培更新修剪后、葡萄下架后均是需水期，应保证水分的供给，每次施肥后应进行灌水。开花期及转色成熟期注意控水。灌水应根据不同的土壤类型、不同栽培模式进行适当调整，根据不同土壤类型，农户要实测每次灌水量所能使土壤保持的时间，结合不同物候期进行灌水。设施栽培与露地栽培不一样，设施温度相对高，失水快，注意灌水的频率。

（4）主要病虫害防治　该品种抗性较强，田间正常防治一般无明显病害发生。生产中须坚持"预防为主，综合防治"的原则，加强栽培管理，增加树体营养，提高自身抗性，及时清除园内病残体，减少病原菌。萌芽前绒球期可喷 3～5 波美度石硫合剂，杀死越冬的病菌、害虫及虫卵，做好前期防控；2～3 叶期可喷 15％氯氟·吡虫啉 1 500 倍液防治绿盲蝽；8～10 叶期可喷布 50％扑海因 1 000 倍液防治穗轴褐枯病。进入雨季重点防治霜霉病（露地栽培），一般每隔 10～15 天喷 1 次杀菌剂，可选用 72％甲霜灵锰锌 500 倍液、70％乙膦铝·锰锌 500 倍液、52.5％抑快净 2 500 倍液等，各种药剂交替使用。套袋后可用 78％科博 500 倍液、12％松脂酸铜 800 倍液等铜制剂防治叶片霜霉病。

（5）自然灾害的防治

① 冬季冻害。辽宁多数地区属于暖温带季风气候，冬季寒冷，冬季冻害成为影响葡萄生产的自然灾害之一。

冻害主要部位是根系、芽、幼叶、嫩梢。防止葡萄冻害措施主要为选用抗寒砧木、提高葡萄树势、采取有效的防冻措施等。选用抗寒砧木的嫁接苗木建园；科学管理增强树势提高树体抗寒能力，通常在管理中增施有机肥、重视夏剪，控制负载量，注重病虫害防控；冬季做好埋土防寒工作，加强冬灌，提高土壤水分，选用优良保温材料，预防树体冻害。

② 晚霜危害。早春晚霜危害多发生在露地栽培中，霜冻降温幅度与持续时间会造成葡萄植株不同程度的损伤。应对霜冻危害，可以适当延期撤除防寒土，延迟发芽以错开霜冻时间；萌芽后应密切关注天气预警，采用枝叶喷水、烟熏等方法降低霜冻危害。

③ 冰雹。近年来，辽宁部分地区夏季冰雹多发，导致果实、枝叶损伤，造成经济损失。为此，多通过搭建冰雹防护网来降低冰雹带来的损失，采用温室、塑料大棚和搭建避雨棚等设施栽培来防止冰雹危害。

④ 鸟害。在葡萄果实成熟期间，鸟害多发，造成果穗商品质量严重降低，并诱发葡萄病害。预防鸟害一般采用铺设防鸟网、果穗套袋，或播放鸟"惊叫"和"鹰叫"等恐吓性方式驱逐。

⑤ 雪害。辽宁雪害主要影响设施葡萄，雪量过大会破坏设施结构，长期积雪会造成设施内葡萄灰霉病的大量发生。雪害防控除及时铲除积雪外，可采用熏剂等方式做好病害防控。

第五节　天工墨玉葡萄在黑龙江大庆的栽培应用

一、基地概况

园区位于黑龙江省大庆市黑龙江省农业科学院大庆分院葡萄科研示范基地。新建园区均采用钢筋骨架塑料大棚。试验园土壤 pH 为 8.09，为大庆典型的苏打盐碱土，土壤养分含量碱解氮 123.3 毫克/千克、有效磷 8.01 毫克/千克、速效钾 144.67 毫克/千克、有机质 25.3 克/千克。

大庆位于黑龙江省西部，松嫩平原中部，地处北温带大陆性季风气候区，光照充足，降水偏少，冬季严寒且漫长，夏秋凉爽。年平均气温 4.2 ℃，最冷月平均气温−18.5 ℃，极端最低气温−39.2 ℃；最热月平均气温 23.3，年均无霜期 143 天。近年来，大庆地区按照"设施农业、绿色农业、观光农业"的农业战略调整政策，大力推动棚室经济发展，在贫瘠的土地上走出一条绿色、生态的现代设施农业发展之路。大庆早已成为黑龙江省设施规模最大、最有影响力的葡萄产区，素有"寒地提子之乡"的美誉，设施葡萄面积曾一度高达 6 万余亩。设施主要有塑料大棚、日光温室 2 种类型。

二、引进情况

2020 年 3 月，国家葡萄产业技术体系哈尔滨综合试验站从浙江省农业科学院园艺研究所引进天工墨玉品种，于 3 月 25 日在日光温室内用营养钵进行育苗，并于 4 月 28 日完成苗木定植。基地采用塑料大棚栽培模式，大棚 60 米×10 米，南北行向定植，株行距 1 米×2 米，每亩栽 300 株，采取篱架小"厂"形树形配合 V 形叶幕。天工墨玉葡萄与其对照夏黑葡萄均采取一致的管理措施。2021 年，天工墨玉葡萄的南种北引取得了当年栽培、次年即丰产的效果，表现出较对照夏黑葡萄较强的生长势，成熟期更早、感官评价更好、品质更佳等突出优势，经连续 2 年区域试验观察，认为该品种综合性状优异，适应黑龙江地区大部分地区种植。

三、种植模式

（1）园址选择　天工墨玉葡萄的适应性较强，沙壤、壤土地均可进行栽培种植。大庆、绥化等地区部分重盐碱地块，种植前需要适当对土壤进行改良。栽培地点要求地势平缓、供水充足、交通便利、远离污染。

（2）设施标准　黑龙江冬季风雪强度大，必须高度重视大棚的抗风雪能力，要求大棚结构合理，采用钢筋骨架结构，棚顶全年覆盖聚乙烯无滴膜，以起到避雨、提高积温、延长葡萄生育期等作用。大棚建造以南北走向，宽度以 8～12 米、长度以 50～80 米为宜（图 8-13）。

图 8-13　天工墨玉设施大棚

（3）定植沟准备　定植沟宜采取南北走向，为便于灌水及冬季下架防寒，宜采用浅沟定植。栽植沟一般宽 80 厘米、深 60 厘米。挖沟时将表土、心土分开放置。回填时，首先在沟底放一层粉碎的稻草或玉米秸秆等，再回填混合了农家肥的熟土，最后把生土混合好粪肥回填。此过程施入的农家肥全部为充分腐熟好的农家肥（以鸡粪、羊粪为佳），一般每亩地用量在 8 000～10 000 千克（值得注意的是：不少养鸡场经常采用石灰进行消毒，大量的石灰混入鸡粪，此类鸡粪作基肥不仅不能起到改土的作用，往往造成土壤的碱化，不利于葡萄的生长）。定植前通过灌水使栽植沟土层沉实，栽植沟地面比外部地面略低，便于今后灌水之用。大庆、绥化等地区土壤多为盐碱土，建议采取限根栽培模式，增加有机肥的同时，混入适量石膏粉、沼渣、醋糟等酸性物质对土壤进行改良。

（4）架形选择与栽培密度　天工墨玉葡萄长势偏旺采用篱架（图 8 - 14）与小棚架皆可，其中篱架更加便于冬季葡萄下架防寒，为创造良好的通风透光条件，建议采用小"厂"形树型配合 V 形叶幕，株行距 1 米×2 米为宜。

图 8 - 14　天工墨玉葡萄架形

（5）栽植

① 苗木选择。抗寒性是黑龙江地区葡萄能否成功栽培的关键因素，苗木必须选择贝达葡萄或山葡萄为砧木的嫁接苗。苗木要求无病虫害，嫁接口以上要求有 3～4 个饱满冬芽，粗度在 0.6 厘米以上，根系发达。定植前 1 个月左右用营养钵在温室内催芽育苗，以达到延长葡萄生育期的目的，可保证苗木成活率，并获得早期丰产。

② 栽植时间。为避免低温危害，葡萄种植时间不宜过早，定植时间需要按照当地具体气温而定，一般以大棚内最低温稳定在 5 ℃以上方可种植。哈尔滨、大庆、绥化等地区苗木定植时间一般宜选择在 4 月 20 日至 5 月中旬；栽培时间不宜过晚，否则会因为生育期不足，严重影响次年产量、增加冬季葡萄越冬的危险性。

③ 苗木处理及栽植要点。定植前将苗木根系剪留 8～10 厘米根系，之后将苗木浸泡在多菌灵＋生根剂的混合溶液 24 小时左右，达到消毒杀菌、促进

苗木生根、提高成活率的目的。之后在温室内装入营养钵育苗1个月左右。

葡萄苗木定植时在既定位置挖深度和直径比营养钵土坨略大的定植穴，再将葡萄苗去掉营养钵，保持土坨完整顺行斜45°放入定值穴中，尽量避免苗木根系与土坨散开，影响葡萄成活率。最后埋土踏实并及时浇透水。定植时需要注意：培土时一定要使葡萄苗木的嫁接口高出地面8厘米以上，避免嫁接口以上扎根，失去嫁接苗应有的作用，降低树体抗寒力。葡萄定植后，在沟内及时铺设滴灌管，并铺黑色地膜。

四、种植表现

（1）物候期 2020年4月28日，选取天工墨玉葡萄与其对照夏黑葡萄的绿枝营养钵苗进行定植，定植当年仅留1个枝条直立引绑，7月27日对主蔓进行摘心，10月中下旬冬季修剪，并埋土防寒，2个品种的物候期几乎没有差异。2021年，两品种均进入结果期，4月中旬2个品种的物候期有所差异（表8-13），其中天工墨玉葡萄4月25日萌芽，6月4日进入盛花期，7月9日开始转色，8月20日果实成熟，萌芽至成熟需114天左右，属早熟品种；与夏黑葡萄（萌芽至成熟约需118天）相比，生育期缩短约4天，成熟期提早约6天，早熟性状明显，可作为大庆地区抢早栽培更新换代新品种。

表8-13 2021年天工墨玉葡萄及夏黑葡萄在大庆地区的物候期

品种	解除防寒期	萌芽期	始花期	盛花期	转色期	成熟期	埋土防寒期
天工墨玉	4月15日	4月23日	5月28日	6月4日	7月9日	8月17日	11月1日
夏黑	4月15日	4月25日	5月30日	6月6日	7月12日	8月23日	11月1日

（2）生长结果习性 天工墨玉葡萄植株生长势强，冬剪时木质化程度高，枝条成熟度好，冬芽萌发率81%左右，花芽分化良好，结果枝比例90%以上，平均花穗数1.3个。对照品种夏黑葡萄萌芽率与结果枝比例与天工墨玉葡萄相当，分别为82.5%和80.2%。2年生天工墨玉葡萄平均株产5千克，折合每亩定植300株产量为1500千克。

（3）果实经济性状 天工墨玉葡萄与夏黑葡萄保花保果处理方案一致，均为采用赤霉素（美国奇宝）处理2次：第1次在葡萄盛花期采用赤霉素30毫克/千克喷施花穗1次。第2次间隔15天后，用赤霉素50毫克/千克再喷施果穗1次。2021年8月28日，对天工墨玉葡萄果实性状进行调查，经济性状指标如表8-14，果穗圆锥形，果粒紧凑，平均单穗重745克、穗长229.33毫米，穗宽178.67毫米、穗梗长42.67毫米。果实性状优良，果粒椭圆形，平均单粒重 4.45 克，平均横径 1.79 厘米，平均纵径 2.02 厘米，无裂果、大小粒现象。果皮蓝黑色，果粉较厚，果肉硬脆，香味浓，无核，可溶性固形物 20.3%，通过八一农垦大学食品学院感官评价测定，分值高达 91 分，品质上等，挂树时间长。对照品种夏黑葡萄果穗圆锥形，平均单穗质量 531.67 克；果粒近圆形，紫黑色，平均单粒质量 3.44 克，可溶性固形物含量 16.07%（表 8-14）。数据表明，天工墨玉葡萄比夏黑葡萄更易丰产，口感更佳，更受市场青睐。

表 8-14　天工墨玉葡萄及夏黑葡萄果实经济性状

品种	穗长（毫米）	穗宽（毫米）	梗长（毫米）	穗重（克）	可溶性固形物（%）	单粒重（克）	横径（厘米）	纵径（厘米）	感官评价
天工墨玉	229.33	178.67	42.67	745.00	20.30	4.45	1.79	2.02	91.00
夏黑	258.33	143.33	64.33	531.67	16.07	3.44	1.88	2.08	85.38

（4）抗寒性及抗病性表现　相比我国其他地区，黑龙江地区塑料大棚葡萄发生冻害概率极高，而病害发生总体较轻，常见的病害主要有灰霉病、白粉病、酸腐病等，2021 年对天工墨玉葡萄整个生长季树体的抗性进行了调查，埋土 30 厘米厚度下葡萄未出现任何冻害；整个生育期对天工墨玉葡萄采取了 3 次病虫害防控措施，未出现任何病害，表现出较强的抗寒性和抗病性。

（5）经济效益　参照大庆当地采摘园近 4 年葡萄的采摘平均价格 30 元/千克计算，平均亩产 1 500 千克计算，亩效益可达 45 000 元，扣除相关成本，亩收入近 40 000 元，经济效益可观。

五、生产管理

（1）枝蔓管理

① 幼树。葡萄苗木定植 7 天左右，选留 1 个健壮的新梢作为主蔓，多余的新梢及砧木上的萌蘖及时抹除。同时解除嫁接绑条，否则会抑制植株生长。定植后要及时灌水、松土、除草。立秋前后，要对新梢顶部进行摘心，以促进新梢加粗生长和枝蔓木质化，有利于葡萄提前进入丰产期并确保树体安全越冬。在土壤上冻前必须完成葡萄的下架防寒工作。

② 结果树。

树体解除防寒。当 20 厘米土层地温稳定在 8 ℃以上时，即可解除树体防寒。解除防寒后，及时对全园喷施 3～5 波美度石硫合剂，以减轻整个生长季的病虫害防控压力。然后对葡萄栽植沟灌催芽水，此次灌水务必灌足、灌透。

树体上架及疏花疏果。葡萄树体萌芽即可上架，枝条绑缚、抹芽、定梢、

疏花疏果等工作环环相扣。当嫩梢长到 10 厘米左右时，即可看出有无花序及花序质量，这时可将多余的营养枝及过密、过弱的结果枝抹去。枝条绑缚时要使新梢均匀地分布在架面上，梢间距 15～20 厘米，切勿交叉重叠。必须严格控制产量，以确保连年丰产，一个结果枝只留 1 穗果，同时对果穗进行必要的整形。

枝条摘心及副梢处理。葡萄枝条在整个夏季生长量较大，需要通过修剪保持营养生长与生殖生长处于平衡状态。结果枝条通常在果穗以上保留 5～6 片叶摘心，果穗以下副梢全部抹去，果穗以上的副梢留 1 片叶反复摘心，发出的卷须随出随除；营养枝条通常 10～12 片叶摘心，副梢留 1 片叶反复摘心。

③ 整形修剪

夏季修剪。夏季修剪主要目的是疏除过密枝、弱枝，剪掉病虫危害枝、伤残枝，疏枝时应从基部剪除。

冬季修剪。葡萄冬季修剪一般在冻叶后 5 天左右开始修剪，通常在 10 月底之前完成。冬剪主要采取短梢修剪，修剪时结果母枝选留长势中庸健壮、芽眼饱满、成熟度好，靠近主蔓的枝条作预备枝或结果母枝。在主蔓上的一年生枝条剪留到基部 1～3 个芽（节），以做来年的结果母枝。

（2）花果管理

① 疏花整穗。天工墨玉葡萄结果能力强，需要在开花前 5～7 天按预定留穗数量进行选穗留穗工作，为保证连年丰产，一般 1 个枝条只留 1 个花穗。弱枝及预留的营养枝不留穗。去除副穗，并掐去穗尖 1/5。

② 膨大处理。天工墨玉葡萄自然生长果粒较小，为了提高产量及市场竞争力，需要对果穗进行膨大处理。具体措施：第一次于盛花期采用赤霉素 30 毫克/千克喷施花穗。第二次间隔 15 天后，用赤霉素 50 毫克/千克再喷施果穗一次。

③ 疏果。膨大后的葡萄，为保证果实品质和整齐度，需要对果穗进行一次全面疏果，否则易导致果粒着生紧密，相互挤压变形甚至裂果，成熟期也将大大延迟。按照果穗大小基本一致、果粒大小均匀一致、果粒之间松紧度适中的标准，疏去果穗内膛果、畸形果、过大或过小果粒，单穗留果量 80～100 粒。

④ 套袋。套袋可明显改善果实品质，减少病虫鸟危害，减少药物残留。疏果结束后即可进行套袋。采用葡萄专用果袋，套袋前给果实喷一次低浓度不留药渍的杀菌剂与杀虫剂。将果穗全部套入袋中扎紧袋口即可。采收前 15 天左右及时去袋，以促进果实着色。

⑤ 采摘。天工墨玉葡萄耐储性较好，可根据果实成熟度、市场行情、销

售渠道等因素灵活确定采收时期。以含糖量 16% 以上，达到该品种应有的风味香气为最佳采摘期。

（3）肥水管理

① 施肥。

幼树施肥。幼树对肥水的吸收相对较弱，应遵循薄肥勤施，少量多次原则，以促进苗木快速生长。总体上葡萄主蔓快速生长期以氮肥为主，葡萄掐尖之后以磷钾肥为主，每 20~30 天施用 1 次。建议采取膜下滴灌水肥一体化的模式供肥。同时，可根据葡萄营养情况，采取叶面喷施的方式进行供肥。

结果树施肥。天工墨玉葡萄长势强、产量高，为保障葡萄的果品品质，需要保障充足的肥水供应，应密切结合葡萄的生长发育阶段。一般花前以氮肥为主，通过氮肥促进叶片、枝条快速生长；在开花坐果后，对磷的需求量稳步增加；在浆果生长过程中钾的吸收量逐渐增加，以满足浆果的生长发育需要。总体把握前期以氮肥为主，后期以磷钾肥为主的原则，具体施肥措施如下。

萌芽后，亩施尿素 10~20 千克；花前喷施 0.15% 硼砂 + 0.3% 尿素；第一次膨果肥（谢花末期），每亩施三元复合肥 30 千克。第二次膨果肥（果实迅速膨大期），每亩施高钾三元复合肥 30 千克，配合施用商品液态中微量元素肥，每亩加硝酸铵钙镁 5~10 千克，果实着色前追施高钾型水溶肥 10~20 千克。果实采收完毕采用沟施充足腐熟的基肥，每亩施 3 000 千克腐熟有机肥 + 过磷酸钙 50 千克。大庆、绥化等盐碱土地区葡萄在种植 5 年以上常出现叶片缺铁黄化的症状，需要通过根部追施酸性肥料以降低土壤碱性，并结合沟施与叶面喷施硫酸亚铁来防治。

② 水分管理。葡萄在各生育期对水分的需求不同，萌芽前、新梢生长期、幼果膨大期、果实采收后、埋土下架后以及埋土之前这几个时期均是需水关键时期，必须保证水分的供给，其他时期根据园地的土壤水分状况适当调节，盛花期及着色采收前 1 个月左右需要注意控水以提高果实含糖量。

（4）病虫害防治　虽然天工墨玉葡萄抗病性较强，黑龙江地区设施葡萄病虫害相对较轻，但同样不能掉以轻心，仍需遵循预防为主，综合防治的方针。需重点预防灰霉病、白粉病、酸腐病、白腐病、天蛾、金龟子、白粉虱、红蜘蛛等病虫害。宜采取农业防治、生物防治、物理防治、化学防治相结合的措施防治。

① 农业防治。通过膜下滴灌，降低棚内湿度；及时清除棚内及周边杂草，每年冬季修剪之后全面清园 1 次；及时抹芽、定梢、打叉，保持温室内通风透光，减少病源传染。

② 物理防治。通过铺设灰膜反光膜驱避迁飞传播蚜虫，悬挂黏虫板、黏

着条诱杀蚜虫及白粉虱，减轻病害发生。

③ 生物防治。应用生物农药对病虫害进行预防，在葡萄着色至成熟期，可喷施1～2次哈茨木霉菌，有效防治真菌性病害。有效利用食螨瓢虫、草蛉、盲蝽等天敌防治螨类害虫。

④ 化学防治。做好春季萌芽前及冬季埋土防寒前2个时期的全园消杀工作，通过全园喷施3～5波美度石硫合剂可减轻全年的病虫害防控压力。其他时期按照发病规律适时调整用药。

（5）冬季防寒

① 果园清理及树体下架。黑龙江地区鲜食葡萄必须做好防寒才能安全越冬。葡萄下架之前，把葡萄园中的杂草、病果、病叶、淘汰的枝条集中起来深埋或烧毁，以减轻来年的病虫害防控压力。然后将葡萄树体下架，将枝条顺行居中就地压倒，并用绳子捆成一束。如果树体根基部与地面角度较大，需要在根基处加垫"枕头土"，以防压土时主蔓折断。

② 葡萄树体防寒。当前黑龙江地区可行的防寒措施主要有埋土防寒和覆盖保温被防寒。土壤防寒是当地葡萄种植户普遍采取的措施，埋土前需要采用塑料膜对树体进行覆盖以起到保温保湿的作用。土壤防寒标准：底宽100厘米，上宽80厘米，厚度不低于30厘米。保温被防寒操作简单，可将繁重的体力劳动省力化，人工成本低，虽然一次性投资较大，但使用年限长，分摊后防寒成本较低。但值得注意的是：采取棉被防寒经常发生老鼠啃食葡萄枝蔓的现象，一定要提前预防。

第六节　天工墨玉葡萄在浙江温岭的栽培应用

一、基地概况

浙江省台州市温岭市，属亚热带季风气候，受海洋性气候影响明显。总的特点是：四季分明，气候温和，温湿适中，雨量充沛，光照适宜，无霜期约250天。年平均降水量1 660毫米，全年有两个雨季，5～6月为梅雨期，7～9月为台风暴雨期。年平均气温17.3℃，最热的7月气温在33～35℃；一年中最冷的气温在1月，监测到的最低气温−6.7℃，气温表现出"冬无严寒、夏无酷暑"的特点。温暖湿润，四季分明。土质为围涂黏土，土层约45厘米，透水性和透气性较好。全市葡萄种植面积有6万亩，基本上是大棚种植模式，素有"中国大棚葡萄之乡"美称，是全国最大的大棚葡萄生产基地之一，天工墨玉葡萄试验基地土质养分：pH 7.1、有机质39.0克/千克、水解性氮240

毫克/千克、有效磷 115 毫克/千克、速效钾 448 毫克/千克、有效硼 1.67 毫克/千克、交换性钙 3 588 毫克/千克、交换性镁 856 毫克/千克。

二、引进情况

本地区从 2018 年少量引种天工墨玉葡萄，2019 年试种结果后表现良好。在浙江沿海促早栽培，分 2 批进行覆膜：11 月 26 日覆膜，4 月 29 日上市，可溶性固形物 15.5%；12 月 16 日覆膜，5 月 6 日上市，可溶性固形物 15.81%，成熟时可达 18% 以上。上色早、蓝黑色，有香气，果实无涩味、降酸快、上糖快，这一特性是同熟期早熟品种夏黑葡萄无法比拟的。

三、种植模式

（1）园址选择　根据天工墨玉葡萄的生长特点及对环境条件的要求，地势应选择开阔平坦、水源充足、排水良好的地块；选择土层较厚、疏松肥沃的壤土，园地面积 10 亩以上，大棚南北向控制在 50～80 米。

（2）园地规划与设计　面积较大的葡萄园在园址选定后，需要对葡萄园进行整体的规划和设计。园地可划分为大区和小区。小区是作业区，大区以园内主道为边界与园外公路相连。大葡萄园的主道，贯穿葡萄园的中心部位，与园外公路相连，宽 6～8 米；小区间设支道、作业道，通行农机具和运输车辆，宽 3～4 米；按设施建设和规划进行。较大面积的葡萄园，灌水、排水都由主渠、支渠和毛渠 3 级自成系统。有条件的地方可设置地下管道或实行滴灌、渗灌。

（3）栽培模式和架形选择　根据天工墨玉葡萄的生长发育及抗性特点，在温岭地区需要进行设施栽培，以塑料大棚双天膜方式栽培（图 8-15），不可露地栽培。宜采用棚架栽培、水平叶幕或飞鸟形叶幕（图 8-16）。

图 8-15　双天膜栽培天工墨玉葡萄（钢管棚，1 张外膜＋2 张内膜）

图 8-16　天工墨玉葡萄棚架和飞鸟形架［1 张 8 米宽外膜＋4 张 2.2 米宽的
内膜（用竹签钉合）］

（4）架形搭建　以 8 米宽农膜为例，建设一个连栋大棚，每个小棚宽度为
6.6 米，在南北田头边以 1.65 米间距打入地锚，地锚可以用石板或松木，打
入地下深度不得小于 1 米，大棚的东西边地锚间距为 3.3 米左右，在栽种带施
入足够的有机肥，深翻园地，每一棚为一畦，畦沟与园内整个排灌系统形成整
体；把葡萄园地的种植行和操作行修整成 1 个高畦龟背形。

棚架、水平叶幕形和飞鸟形叶幕架材的搭建，柱可以采用水泥柱或角钢，
立柱架高一般为 1.7～1.8 米，一行棚立两行柱，一行立在沟内，一行立在棚
中间，立柱有钢绞线和大棚四周的地锚连接成一个整体，为承重线。与其平行
按 30 厘米左右距离拉较细钢线用于绑缚新梢。

（5）栽植

① 栽前准备。苗木的质量决定葡萄园树体的整齐度和产量，所以苗木的
选择至关重要。选择品种纯度在 95％ 以上的一级苗。而嫁接苗还应注意砧木
的种类，砧木和接穗的愈合程度，是否完全愈合。在定植前应进行修剪，一般
苗干保留 3～4 个成熟饱满芽，侧根 20 厘米左右短截，在清水中浸泡 12～24
小时，充分吸水后可提高成活率。

② 栽植时间。温岭地区葡萄建园宜春节前栽植，最迟要在发芽前栽植
完成。

③ 栽植密度与行向。棚架、水平叶幕形和飞鸟形叶幕，南北行向，以单
行栽在棚中间，亩栽 60 株左右，可以采用一字形、H 形或王字形。

④ 栽植方法。在定植行中心线上按株距挖深、宽各 30 厘米的栽植穴，穴底部培成中高边低的半圆形土堆，然后手提苗木放在穴中，使根系均匀舒展分布于土堆上，将土覆盖根系，边覆土边轻提苗，使根系与土壤密接，并使根颈所处高度与地面平齐。嫁接苗不宜栽植过深，覆土应在嫁接口以下，最后踩实、浇水、封穴。封穴后，平整地面，可以用黑色地膜进行覆盖防草。

⑤ 栽后管理。当定植苗芽眼萌发后，除萌、抹芽。除选留的新梢作主蔓以外，砧木上的萌芽和多余的新梢应及时抹除。当选留的新梢长到 30～40 厘米时，设立竹竿或搭架，进行引缚，以后新梢每长 30～40 厘米引缚 1 次。苗期需水量大，当土壤出现稍旱时即需灌水。当新梢长出 7 叶后开始施肥料，以水肥一体为好，同时进行松土、除草及时防治病虫害。

四、种植表现

（1）物候期　对天工墨玉葡萄及其亲本夏黑葡萄 2 个品种物候期调查表明，在浙江温岭地区采用双天膜栽培条件下，天工墨玉葡萄 1 月上旬萌芽，3 月中旬始花，4 月下旬开始着色，5 月上旬果实充分成熟，没有落叶期（表 8-15）。整体上，物候期比夏黑葡萄提前，成熟期比夏黑葡萄提前 7 天左右，天工墨玉葡萄成熟一致性好，夏黑葡萄成熟不一致（表 8-16）。

表 8-15　2019 年不同覆膜时间物候期与生长结果习性比较

品种	覆膜时间	萌芽期	初花至盛花期	成熟期	开花到成熟天数（天）	萌芽率（%）	结果枝率（%）
天工墨玉		12 月 17 日	2 月 21 日（19 日）3 月 12 日	4 月 29 日	67	64	25.8
	11 月 26 日						
夏黑		12 月 17 日	2 月 18 日 3 月 15 日（25 日）	5 月 10 日	74	42.3	23.6
天工墨玉		1 月 3 日	3 月 14 日 3 月 26 日（11 日）	5 月 8 日	54	82.6	96.2
	12 月 16 日						
夏黑		1 月 3 日	3 月 14 日 3 月 26 日	5 月 12 日	56	76.8	91.2

表 8-15 为试验株的表现，在 12 月下旬开始遇到了连续 40 天左右的连阴雨天气。

表 8 - 16　2021 年批量生产园不同覆膜时间物候期与生长结果习性比较

品种	覆膜时间	萌芽期	初花期	成熟期	开花到成熟天数（天）	萌芽率（%）	结果枝率（%）
天工墨玉	12 月 4 日	12 月 19 日	2 月 3 日	4 月 10 日	66	95.1	92.2
夏黑	12 月 10 日	12 月 27 日	2 月 11 日	4 月 20 日	68	94.3	91.5

（2）生长结果习性　天工墨玉葡萄在浙江温岭地区表现树势较强，萌芽率较高，花芽分化好，坐果需要保果处理，花序结果位置多在新梢的第 3～5 节。由表 8 - 16 可以看出，天气正常情况下天工墨玉葡萄萌芽率 90% 以上，结果枝率也在 90% 以上。双天膜促早栽培下可采用株行距为 3.2 米×3.3 米的平棚架式栽培，产量控制在 1 500 千克/亩以内。总体上看，天工墨玉葡萄生长结果习性与夏黑葡萄相近。

（3）果实主要经济性状　天工墨玉葡萄果穗圆柱形，大小整齐。2019—2021 年，果实经过赤霉酸加氯吡脲处理后单果重 6～10 克，穗重 500 克以上，一般供应市场的葡萄平均穗重 750 克，果粒近圆形，大小整齐均匀。果皮蓝黑色，厚而脆，果粉较厚，果肉硬脆，无肉囊，果皮和果肉不易分离，在温岭地区 5 月 10 日前成熟不裂果，高温高湿天会出现不同程度的裂果，但明显要比夏黑葡萄裂果轻微，且挂果时间较长。甜酸适口，可溶性固形物可以达到 18% 以上。

（4）适应性和抗病性　天工墨玉葡萄在温岭地区适应性较好，常规管理条件下，能较好表现出该品种特性，果品质量优良；抗病性较强，在双天膜加地膜情况下未见白粉病、灰霉病、白腐病、黑痘病发生，成熟期要注意防炭疽病，开花前防灰霉病，采收后露天要防炭疽病及霜霉病，虫害主要防夜蛾。

五、生产管理

（1）枝蔓管理

① 冬季修剪。11 月 15 日后冬季修剪时第一年新树结果母枝以 1 芽短梢修剪，第二年开始 2 芽修剪。12 月上旬盖好第一层农膜，农膜一般采用 0.055 毫米厚，并同时围好围膜，盖好农膜后要浇一次大水，第一周温度控制在 25 ℃ 以内，萌芽前不要超过 35 ℃。

② 打破休眠。塑料大棚促早栽培条件下，为了确保萌芽整齐，可在萌芽前涂抹或喷施破眠剂。采用 50% 单氰胺 30 倍液或 21% 石灰氮 7 倍上清液涂抹所有芽眼，要充分涂湿，促使葡萄萌芽整齐，成花状况良好，气温超过 30 ℃ 不得用药。

③ 抹芽定梢。在葡萄萌芽后分次进行抹芽。选留健壮、位置好的芽；抹去无用芽、过密芽；定梢在新梢花序出现并能分辨花序大小时进行；定枝后的新梢间距在 20 厘米左右；新梢长度超过 25 厘米后，分批绑缚，使新梢在架面上均匀分布。

④ 新梢管理。结果枝摘心，一般在花序后面保留 3～5 片叶摘心。摘心后，除顶端副梢延长生长，其余副梢留 1 叶后绝后摘心，顶端副梢长到 3～5 片叶摘心，顶端副梢留 1 片叶反复摘心，最后保留果穗上叶片在 15 片叶左右。

（2）花果管理

① 拉花序。因天工墨玉葡萄果实着生紧密，不进行膨大处理果实较小，商品价值低，因此，必须进行拉花序处理，抻长果穗，保证果实生长空间。在发芽后 20～25 天进行拉花序处理，处理方式为 1 克美国奇宝赤霉酸兑水 25 千克蘸穗处理。

② 疏花序、整穗及疏花。合理控制产量，每 3 根枝留果穗 2 个，于开花前，视树势具体情况，疏去多余的花穗，原则上一梢一穗，个别强梢留两穗，全部疏去第三穗。因天工墨玉葡萄花序过长，初花需要进行修穗，去除花序上部小穗，保留穗尖 5～7 厘米即可。

③ 保果与无核化处理。花前控氮与结果枝合理摘心，控制新梢旺长，使养分供应开花结果，落花后 3 天结合保果处理用 50 毫克/升赤霉素＋2 毫克/升的氯吡脲进行蘸穗处理，即可以起到保果和膨大的作用。

④ 疏果。天工墨玉果粒着生紧密，建议疏果，疏果时保留外层果，疏除向内生长、过密的果粒，保留果实生长空间，可于盛花期、坐果期酌情浇小水，促其适度落花落果。

⑤ 膨大处理。在第一次保果处理后 12 天左右，最长不得超过 15 天，用 50 毫克/升赤霉素＋2 毫克/升的氯吡脲进行蘸穗处理，促使果粒膨大。

⑥ 定轴长。天工墨玉葡萄见花时进行，保果和膨大处理使用氯吡脲时，选留穗尖 13～15 个小花穗（长 5～7 厘米）。不使用氯吡脲情况下可长留，留 15～18 个小花穗（长 7～9 厘米）。也可根据市场情况而定，需要大穗形的，可长留。

⑦ 采摘。果实充分表现出该品种固有的色、香、味即可采收。采收过早，含糖量低、酸度大、品质低劣；采收过晚，果实失水干缩，影响储运性。采收前就应对产量和采收日期进行估计，提前准备好采收工具和包装器材等。葡萄浆果成熟时皮薄、肉软、多汁，采收时剪、拿、放等各个环节动作都要轻。先用手握住果穗，用疏果剪在果穗上 3～5 厘米处剪断即可。

⑧ 批发和快递销售。果实采收后应就地进行分级包装，按大小、着色程

度等进行分级，装入果箱（硬纸板箱或塑料泡沫箱）并贴上标签待售。

（3）肥水管理

① 施肥。

幼树施肥：一般在苗期，当新梢长出 7 叶后，以速效氮肥为主，后期以施用三元复合肥为主，全年控制在 50 千克/亩以内。

结果树施肥：在 9 月下旬至 10 月下旬每亩施入优质农家肥 2～3 米^3 或 2 000 千克有机肥，萌芽肥在盖好农膜后施入，每亩施入 15 千克三元复合肥，根据需要同时施入适量的微量元素肥如硼肥、膨果肥，在果实膨大期需要追施 2 次膨果肥，每亩追施三元复合肥 30 千克。此时果实开始软化着色，主要补充钾肥，每亩施着色肥 10 千克左右。

② 水分管理。葡萄萌芽前、新梢生长期、幼果膨大期、温室栽培更新修剪后、葡萄下架后均是需水期，应保证水分的供给，每次施肥后应进行灌水。开花期及转色成熟期注意控水。灌水应根据不同的土壤类型、不同栽培模式进行适当调整，根据不同土壤类型，农户要实测每次灌水量所能使土壤保持的时间，结合不同物候期进行灌水。设施栽培与露地栽培不一样，设施栽培温度相对高、失水快，注意灌水的频率。

（4）主要病虫害防治　该品种抗性较强，田间正常防治一般无明显病害发生。生产中须坚持预防为主，综合防治的原则，加强栽培管理，增加树体营养，提高自身抗性。及时清除园内病残体，减少病原菌。萌芽前绒球期可喷 3～5 波美度石硫合剂，杀死越冬的病菌、害虫及虫卵，做好前期防控；2～3 叶期可喷 15％氯氟·吡虫啉 1 500 倍液防治绿盲蝽；在拉花和保果时加入适量灰霉病药防治穗轴褐枯病和灰霉病。着色前用拿敌稳、苯醚甲环唑等开始防炭疽病，采收后主要用波尔多液防霜霉病。

主 要 参 考 文 献

房经贵，2019. 葡萄分子耕田 [M]. 北京：中国林业出版社 .

刘凤之，段长青，2013. 葡萄生产配套技术手册 [M]. 北京：中国农业出版社 .

刘捍中，2012. 葡萄栽培技术 [M]. 北京：金盾出版社 .

王忠跃，2009. 中国葡萄病虫害与综合防控技术 [M]. 北京：中国农业出版社 .

吴江，程建徽，2017. 图解南方葡萄省力化优质安全生产与管理 [M]. 北京：中国林业出版社 .

吴江，程建徽，魏灵珠，等，2021. 葡萄品种图谱与栽培关键技术 [M]. 北京：中国农业科学技术出版社 .

吴江，房经贵，李民，等，2021. 葡萄病虫害及其防治 [M]. 北京：中国林业出版社 .

吴江，张林，2014. 葡萄全程操作手册 [M]. 杭州：浙江科学技术出版社 .

杨治元，2011. 大棚葡萄双膜、单膜覆盖栽培 [M]. 北京：中国农业出版社 .

附录　天工墨玉葡萄病虫害防治年历

物候期	时间	防治对象	综合防治措施
休眠期	12月上旬至1月初	各种越冬病虫	农业措施：冬季修剪，清理田间落叶、修剪的枝条、残果，减少园内越冬的虫卵与病菌 化学防控：5波美度石硫合剂，树体、土壤、架面全园喷洒
芽绒球期	1月初至1月中下旬	各种越冬病虫	农业措施：剥除翘皮 化学防控：树体与芽喷3～5波美度石硫合剂
新梢生长期至开花前	2月至3月上旬	白粉病和灰霉病、穗轴褐枯病、绿盲蝽、蓟马、蚜虫、叶甲等	农业措施：抹芽、定梢、等距离绑缚、整花序，提高叶幕层透光度；清除杂草或覆膜抑草；通风降湿 化学防治：开花前喷50%异菌脲1000倍液或50%腐霉利1500倍液防治葡萄灰霉病
开花后至落花期	3月中下旬	灰霉病、穗轴褐枯病、溃疡病、蚜虫等	农业措施：早晨敲打钢丝振落叶片露珠，振动花序，清除花帽，调控棚内温湿度 化学防治：开花后落花期喷40%嘧霉胺1000倍液、25%嘧菌酯1500倍液
幼果膨大期	3月下旬至4月下旬	灰霉病、穗轴褐枯病、霜霉病、白粉病、短须螨及气灼等	农业措施：除副梢；防日灼；中耕除草 物理措施：套袋；防鸟网 化学防治：10%苯醚甲环唑2500倍液、20%抑霉唑1000倍液加25%噻虫嗪4000倍液
着色转熟至成熟期	4月下旬至6月中旬	灰霉病、霜霉病、溃疡病、白腐病、酸腐病、吸果夜蛾、叶蝉及裂果等	农业措施：摘老叶，除副梢和顶副梢，通风透光 物理措施：着色品种铺反光膜；黏虫板、糖醋液、昆虫信息素诱捕器等 化学防治：10%苯醚甲环唑2500倍液、25%嘧菌酯1500倍液
营养积累至落叶期	6月下旬至12月初	白粉病、霜霉病、叶蝉等	农业措施：施采果肥；秋季深翻土壤、施基肥 物理措施：保叶后揭除外天膜 化学防治：80%波尔多液300～400倍液，或33.5%喹啉铜750～1500倍液等铜制剂